U0160036

新华出版社

第四次住房革命

第四代住房设计大全（精编本）

The Fourth Housing Revolution
Collection of Fourth Generation Housing Designs

郑大清 著

新华出版社

第四次住房革命 / 郑大清著. -- 2版.

北京：新华出版社，2020.4

ISBN 978-7-5166-5107-0

Ⅰ．①第… Ⅱ．①郑… Ⅲ．①生态建筑－建筑设计－研究

Ⅳ．①TU201.5

中国版本图书馆CIP数据核字(2020)第058577号

第四次住房革命：第四代住房设计大全(精编本)

作　　者：郑大清

责任编辑：董朝合　　　　　　　　　　装帧设计：天地集团企划部

出版发行：新华出版社

地　　址：北京石景山区京原路8号　　　邮　　编：100040

网　　址：http://www.xinhuapub.com　　经　　销：新华书店

中国新闻书店购书热线：010-63077122

印　　刷：北京永诚印刷有限公司

成品尺寸：200mm×285mm　　　　　　印　　数：3000册

印　　张：15　　　　　　　　　　　　字　　数：150千字

版　　次：2020年5月第二版　　　　　印　　次：2020年5月第一次印刷

书　　号：ISBN 978-7-5166-5107-0

定　　价：98.00元

图书如有印装问题，请与印刷厂联系调换　电话：010-87358108

目 录

设计理念

住·养

提倡"养生之道"

————"人"与"自然"

契合

一个住房新的时代!

一、设计理念

当面临一块住宅用地时，第三代住房首先想的是：如何在旧的条条框框里，怎样才能建更多的房子！

而第四代住房，则首先想的是：如何求新求变，如何才能让房子更符合人性需求，更适宜人类居住，以及怎样才能改变旧的观念，创造出新的标准（这个，也正是世界能不断进步的不竭动力）！

正所谓"思路决定出路，创新改变世界"！

理念的不同，结果将会大不同。

二、第四代住房与居住梦想

一、开篇

一万年前，我们都生活在室外空旷的地面上，随时都有室外活动空间；几千年来至几十年前，在第一代茅草房和第二代砖瓦房的时候，我们的房子门前都有院子，一回到家，除了房子外，我们也都有室外活动空间，并且还有其乐融融、互帮互助、远亲不如近邻的街坊四邻！

经过许多年，这已成为人类这一群居动物在"居住生活"中的自然天性！

但目前，到了第三代电梯房，我们都只能被封闭在空中高高的房间里！无论是四、五层高的多层，还是二三十楼的高层，都如同火柴盒，如同鸟笼，都让人们上不沾天，下不沾地，不但门前没有院子、没有任何室外活动空间，而且更没有了几千年来传统的街坊四邻！一回到家，只有透过窗户才能看到外面的世界，才能呼吸到新鲜空气。

这，彻底隔绝了人与人之间的交流！因为没有了一个共同休闲交流的自然空间，使隔壁邻居，都老死无法往来……

这些改变是十分可怕的！它将使人们因没有室外活动空间，成天都只有窝在狭窄的房间里，变成宅男宅女……身体越来越差，高血压、糖尿病、心脏病、肥胖症、等等病患越来越多，并患病的年龄也越来越低……

因为没有了街坊四邻，少了人与人之间的交流，让老人过得孤独，儿童过得孤单，让现代人的性格更是越来越封闭，造成自私、自我、狭隘、孤僻、抑郁等等人群，也越来越多……

这是一个十分可怕的后果！

只因很少有人系统的研究过，所以很少有人去思考它，重视它，改变它！但好像谁又都知道这些弊端的存在，只是想不到办法解决。

现在，随着科学技术的不断进步和"人民对美好生活的不断向往"，我们对此不得不引起高度重视和想办法来解决了！

故此，急需一种绿色创新住房，来改变现状，来取代目前已不适宜人类居住的第三代鸟笼式住房，并刻不容缓。

如果能有一种技术和方法，能将高层住房全都变成"如同只有一两层高的"低层四合院，但其建筑占地和建设成本却只与第三代电梯房相当，每套住房还都有前庭后院，都有公共休闲活动空间，那就完美了！这应该就是人人都梦想居住的"第四代住房"了。

二、第四代住房与第三代住房相比，都具有哪些优势？

1、最先进的生产力：

第四代住房与第三代住房的占地和建造成本都一样，但所得到的房子却完全不一样，如：一个如火柴盒及鸟笼，一个却比别墅更好！这将使你的投入与产出比发生倍增和质的变化，是住房领域里"最先进的生产力"。

2、可缩短工期半年以上：

第四代住房共有三种建筑模式：①空中停车住宅；②空中立体园林住宅；③空中庭院住宅。第四代住房"空中停车住宅"，不再建黑暗的地下停车场，将黑暗的地下停车场都变成一座座明亮的空中四合院，等于这些空中园林、街巷及四合院，都是用地下停车场+电梯厅+过道兑换来的！这相当于得到这些空中四合院，不但没有增加成本，反而还节省了大开挖地下室土方的钱和缩短了半年工期！因为地下工程才是最费时费钱的。

3、层层有园林：

第四代住房，因每两层的十几二十户人家就共有一座空中公共园林，打破了第三代住房封闭式居住的界线，让高层住房，全都变成了如同只有一两层高的低层四合院，这将使居住又重新有了其乐融融的街坊四邻，使生活又多了许多欢乐和人情味，这更适宜老人和儿童居住，使他们在家一开门，或一出电梯厅，面前就会呈现出一座公共院落，公共园林，就会有一个共享空间，这如同一个小社区，许多老人和儿童就可在这个共享社区里玩耍、健身、喝茶、下棋、打球！这将使他们都有了互帮互助的朋友，使他们在家即可实现居家养老和互助养老，是老人和儿童都梦寐以求的住房。

4、户户有庭院：

第四代住房，没有了黑暗的电梯厅，每户客厅外还都有一座全部挑高两层的四五十平米的私家庭院，在家即可种树、种花、种菜，享受田园生活！它的建筑外墙全部实现垂直绿化，长满植物，与第三代住房的建筑外观截然不同，这将彻底改变目前城市钢筋水泥林立的枯燥环境，使家变成家园，使城市变成园林，是人类未来绿色生态城市、森林城市、公园城市建设的发展方向，更是实现"建设美丽中国"的重要抓手！这还因为，城市是由一栋一栋建筑组合成的，城市的变化，其实就是建筑外观的变化，建筑的美丑，就是城市的美丑。

5、具有全球独创性：

第四代住房，在历经了众多专家团队许多年的攻关和改进后，是全球所有挑高两层大花园、大院子的植树建筑中，唯一解决了"黑窗户、黑房子、无私密性和无安全性"等重大缺陷问题的建筑！除此之外，其它凡是挑高两层大花园、大院子的外墙植树建筑，无论其怎么改，都避免不了仍然会出现黑窗户、黑房子、无私密性和无安全性等众多重大缺陷问题。

6、可使利润增长3倍以上：

第四代住房可使建设者的投入与产出比发生倍增，同时还给政府增加了巨额税收！如：同样一块土地，可建20万㎡的房子，如建第三代住房，每平米售价为一万元，即销售为20亿元；如建第四代住房，售价只需略增加20%，为一万两千元，则可实现销售24亿元。

同时，因第四代住房与第三代住房的占地都一样，造价也基本相当，如它们的成本都是18亿元，则建设第三代住房的利润为2亿元，而建第四代住房的利润则为6亿元！这还只是在溢价仅20%的情况下，第四代住房的利润就是第三代住房的3倍！并，这还不包括空中车位+私家院子等所带来的利润，若加上这一部分，第四代住房的利润可达到第三代住房的4倍以上，同时，还将给政府成倍增加税收和新的巨大经济增长动能。

三、第四代住房为何比别墅更好？

1、别墅的好：是因为它有前庭，有后院，但第四代住房不但有前庭，有后院，有别墅的全部优势，而且因每两层楼就有了一座空中公共四合院，每十几二十户人家，就有了一座共同游玩的室外活动空间，这将会使居住又重新拥有其乐融融的街坊四邻，使老人不再孤独，儿童不再孤单。

2、别墅大都在郊区：偏远、低矮、阴暗、潮湿、冷清、没有人气！同时，也没有私密性和安全感，并离上下班都太远，大多都不方便居住。

3、可建在市区任何地方：第四代住房可建在市区任何地方，使上班、上学、医疗、休闲、出行、居住都更加方便，即更适宜人类居住。

4、视野广阔：第四代住房可建设高层，比低矮别墅更具有私密性和安全性！同时，高层的采光和视野都将更加广阔，是低矮别墅无法比的。

5、可造福大众百姓：第四代住房的占地面积只有别墅的五分之一，只与高层电梯房一样，造价也只与高层电梯房相当，售价也应亦相当，各类大小面积及户型都有，应是大多老百姓都买得起和住得起的房子，可造福大众百姓。

创新赢得发展，科技改变未来！这就是第四代住房，所能带给我们的巨大财富、以及未来的美好生活。

关于"家"的梦想

其实，人类还在蒙昧的洞穴时代，就开始了关于"家"的梦想——

一万年前，随着人类的生存发展，生活所需食物离洞穴越来越远，因此急需将洞穴搬到食物丰富的地方，但洞穴却是搬不动的，为了实现人们"居住离丰富食物更近"的美好向往，渐渐发明了"茅草房"！茅草房可灵活多变，可随人走，食物在哪它便可建在哪！茅草房虽然十分简单，会进风漏雨，但却是人类第一个最伟大的发明，它直接加速了人类的文明进程，是人类文明史上最重要的里程碑。

随着人类社会的不断发展，简陋的茅草房无法再满足人们"对美好居住生活的向往"，三千年前又诞生了第二代住房"砖瓦房"！它与茅草房相比有了巨大变化，不仅可用于居住，能遮风挡雨，能保温耐寒，而且还能使建筑变得雄伟壮观，具有美学价值。

至一百多年前，随着科技的进步，以及人口在城市的聚集，又诞生了第三代住房"电梯房"！电梯房比砖瓦房又有了巨大变化，不但可用于居住，比较坚固，能遮风挡雨，能保温耐寒，而且还能充分利用土地，能建高层，房间明亮，视野宽广，并有卫生间及相关设施设备，满足了现代人和城市对建筑的需求！不足的是，电梯房无任何室外活动空间，无前庭后院，无绿色自然，俗称"火柴盒住房"或"鸟笼式住房"，同时造成了城市干涸、枯燥、钢筋水泥林立和隔绝了住户与住户之间的交流，变得老死无法往来，更没有了几千年来其乐融融、互帮互助的街坊四邻。

随着人们对美好生活的不断向往，如今，第三代电梯房越来越受到人们质疑：它没有任何室外活动空间，也没有绿色自然，将人都封闭在火柴盒里，应该并不是人类最终的"理想住房"。

那我们还能发明更适宜人类居住的"理想住房"吗？

人类的"理想住房"首先应该是这样的：应具有前三代住房的全部优势，同时还应符合现代城市——即"生态城市、森林城市、公园城市"等诸多条件，以满足人们日益增长的物质需求和对美好生活的向往。

比如，人们都喜欢欧洲别墅、都喜欢中国传统四合院、都喜欢北京胡同街巷、都喜欢居住有前庭后院、有街坊四邻、有花草树木、有绿色自然。

如果，我们能将上述"都喜欢"与前三代住房的优势全都融合在一起，创造出一种全新的住房模式，这应该就是更适宜人类居住的"理想住房"了，即第四代住房。

其实，这也是全球所有设计大师的梦想！近十几年来，全球众多设计大师都在创新这种"理想住房"，并在全球已建成了十几处：其建筑外墙长满树木，每家还都有一座几十平方米的大花园，大庭院，使居住有了室外活动空间，有了绿色自然！应是建筑的一种巨大进步，但都因其大花园、大庭院遮挡住了下层住户的窗户和自然采光，使其房间都变成了"黑窗户、黑房子"，长年不见天日！同时，还因大花园、大庭院的上一层都开了很多窗户，从上层窗户可近距离往下看到大花园的全部景象，使下层邻居在大花园里全都失去了"私密性和安全性"，从而无法使用，成为了有致命缺陷的不宜居住或无法居住的房子（仅仅外观好而已），所以，它们在全球各地今都只建设了一处，便就再没有了下文，更无法全面推广。

那人类的理想住房——第四代住房，到底应该是什么样？又怎样才能创造出来呢？

请继续阅读，本书将给您详尽答案。

何谓第四代住房？

1、第一代住房："茅草房"！源于一万年前，可用于居住，比较简单，房子会进风漏雨。

2、第二代住房："砖瓦房"！源于三千年前，比茅草房有了巨大进步，不但可用于居住，比较坚固，能遮风挡雨，能保温耐寒，而且使建筑变得美丽、雄伟和壮观，具有美学价值。

3、第三代住房："电梯房"！源于一百多年前，可建高层，可大量节约土地，解决了城市集中居住出现的土地资源问题，并在形态上和使用功能上都比砖瓦房又有了跨时代的进步！但第三代住房只有室内房子，而没有了任何室外活动空间，更没有前庭后院，使人一回到家都封闭在房间里，只有透过窗户才能看到外面的世界，才能呼吸到新鲜空气，这应该不是人类最终的理想住房。

4、第四代住房，又称"立体园林～绿色生态住房"、或"空中立体园林街巷建筑"、或"城市森林花园建筑"、或"庭院房"等。它源于当今创新，具有之前所有住房的全部优势，同时还集合了中国传统四合院、北京胡同街巷、欧洲别墅、智能停车、园林绿化、节能环保、绿色生态等全部优势于一身，可将高层住房，全都变成只有一两层高的低层四合院，使城市和房子都变得更适宜人类居住！这样的住房，才应称之为"第四代住房"。

第四代庭院房

第三代电梯房

第二代砖瓦房

第一代茅草房

（一、二、三、四代住房的**外观进化图**）

何谓第四次住房革命？

1、这就如同"工业革命"一样，每一次工业革命所带来的改变对比上一次工业现状都有着革命性的进化，所以称之为革命！目前，正在进行的"第四次工业革命"亦如此。

2、"住房革命"也一样，从茅草房到砖瓦房再到电梯房，每一次的改变，也都与上一次的住房现状有着革命性的进化、并带来更加美好的宜居效果。

只有这样，才能称之为革命！或称之为下一代产品。

还如电信的1G～2G～3G～4G～5G，也均如此，每G与每G之间均有着巨大的创新，或将带来使用上一个划时代的美好体验。

三、第四代住房的主要技术标准

说明：制定如下标准，是为了保证"第四代住房"应具有的各种优良品质！如达不到如下各项标准要求，则会使建成后的房子仅仅外观像"第四代住房"，实则会出现"黑窗户、黑房子、无私密性、无安全性"等许多缺陷，造成建成后的房子无法居住或不适宜居住，白白浪费国家宝贵的土地资源，并还会给开发商和住户都带来巨大损失。

1、空中公共立体园林

每隔一层房屋设置一座公共立体园林，俗称四合院，在四合院的一边、两边、或周边设置一栋或间隔设置多栋单元房屋；一座四合院的面积与所承载及连通的两层全部房屋总面积占比：不停车的应不低于35%为宜，停车的应不低于65%为宜；以使四合院的规模与居住成正比，并在四合院周边还应形成有多个不封闭的通风采光面，以利于采光和空气对流，其通风采光面的总长度，应不小于其四合院周长的三分之一，使空中四合院比地面"传统四合院"有更好的舒适度，更具有普市价值（如后图所示）。

2、空中私家花园庭院

每户的客厅均设置在每户住房的外墙转角处，并客厅有两个相邻的外墙面；在每户客厅外设置一座私家花园庭院，庭院面积以不低于40㎡为宜（一般为45㎡～65㎡），结构为下沉板上翻梁，覆土池深度以不低于50cm为宜，并至少有两个或三个相连的完整庭院边不封闭，且无墙，无柱，全部外挑（利于采光、庭院绿化、有宽阔的视野和避免乱搭乱建）；奇偶上下层私家花园庭院，分别设置在客厅的两个相邻的外墙外，以使其在不同方向，并使其都具有两个自然层的高度（如后图所示）。

3、第四代住房的核心技术标准

为了使建成后的房子都具有优良品质，没有"黑窗户、黑房子和无私密性、无安全性"等任何缺陷，特制定如下核心技术标准：

1、空中公共立体园林（四合院）平台：停车的，应为所属两层总房屋面积的60～75%，不停车的，应为所属两层总房屋面积的30～45%！但无论停车的或是不停车的，可将房屋设置在园林平台的一边、两边或周边，并园林平台均需要有房屋的两个自然层高度，至少还应有其园林平台周长累计三分之一的边，全部敞开、不封闭（即不设置房屋）。

2、私家花园庭院：应设置在每户住房的客厅外，应为40㎡以上（住房每户一般为45～65㎡，公寓每户一般为30～40㎡），应需要有两个自然层高度，至少还应有两个或三个相连的完整花园庭院边无墙、无柱、不封闭、且全部外挑！同时，还应达到如下4项要求：①私家花园庭院所对应的上一层楼的全部外墙面不能设置有任何窗户（个别私家花园有卫生间除外）；②下一层住房的私家花园庭院与上一层住房的私家花园庭院应设置在客厅的不同方向，不能有任何重叠；③在私家花园庭院的任何地方，不能看到隔壁邻居家的任何房间窗户以内；④私家花园庭院的结构为下沉板上翻梁，全部覆土深度应不低于50㎝，植树绿化的面积应不低于该私家花园庭院面积的50%。

4、空中垂直绿化及技术指标

一座私家花园庭院，应在靠墙处栽种5米高的大树3～5棵，其它地方栽种1～3米的小树30～80棵，1米以下的灌木100～200棵，以及花草若干！同时应保留一块10㎡左右的草坪，以利后期住户在需要时改为菜地，变成花园+果园+菜园，以使其更具有实用价值！

这样，一个建筑小区的空中所有花园庭院绿化总面积，便不低于该小区总占地面积的100%，以使所有建筑用地都能在空中得到100%的再生，并使全部占地以植树绿化的形式再全部返还给城市！

这相当于城市用一块土地来进行第四代住房建设，不但得到了拍卖的土地费，建造得到了同等数量的更好房子，而且还得到了比拍卖土地面积更大的一座绿色植树公园（如后图所示）。

5、一个第四代住房社区，就是一座庞大的空中立体园林

第四代住房，因每两层房子就有一座空中公共四合院，每一栋高层建筑就有十几座空中公共四合院，一个社区，一般会有N多栋楼，则会有几十或几百座公共四合院！而这些四合院都在空中，其通风及采光效果都非常好，不但会栽种各类鲜花树木，而且还会设置许多亭台楼阁，休闲设施设备，所以堪比一座园林更美好，更具有实用价值！

同时，因每户客厅外都有一座私家花园庭院，这将使第四代住房社区的所有建筑外墙上，都布满了私家花园庭院，其花园庭院所种植的鲜花树木又与工程同步施工，并同步竣工验收，这将使第四代住房社区，宛如一座庞大的空中庭院式立体园林，使其十分壮观美丽。

6、空中智能停车

第四代住房不再建既费钱又24小时都耗能的黑暗地下停车

场，而是向有自然空气和阳光的地上发展，将地下停车场都分散建到空中，演化为一座座空中四合院或胡同街巷（即"空中公共立体园林"、或"空中公共停车平台"），人们回家都可将车辆直接开到空中每层楼的公共四合院里自家门口，不用再去空气污浊又光线黑暗的地下停车场，方便了人们回家停车和驾车出行！

载车电梯全过程均采用智能系统，智慧停车，电梯速度与载人电梯一样不低于2.5米～3.5米/秒，一般每64户配置一部双层轿厢载车电梯或双子载车电梯；或每35户配置一部单层轿厢载车电梯，以保障早高峰车辆的顺畅出行（如后图所示）。

7、建筑节能

第四代住房不建地下停车场，只挖建筑基础本身做人防及储物间，这将缩短施工工期五个月以上，可节省80%以上的巨大地下工程量，可节省城市大量废土填埋场及清运负担，以及永久节省地下停车场24小时不间断的照明及排风能源！

还因建筑外墙长满了树木植物，会增加建筑周边局部氧气含量，吸收及减少了二氧化碳，并夏天还会使建筑社区及房间内温度下降2～3度，冬天又因建筑外墙的树木植物起到了挡风而有保温作用！

所以，不建巨大地下停车场工程，将其都建到空中，向有阳光和自然空气的地上发展，将使建筑省工期、更省钱、更环保、更生态、更节能。

8、自动浇灌

私家花园庭院覆土下应先做柔性防水层，再做刚性层防水，刚性层防水一般以高标号混凝土满铺3～5cm，主要作用是以防树根下穿破坏柔性防水层，并铺设排水管网；地面花草树木应采用自动喷灌及滴灌系统，以方便家中长期无人时的自动养护。

9、建筑品种

为了满足全社会所有人的不同需求，第四代住房共创造有三种建筑形式，即三大品种，在经过众多建筑专家团队六年的不懈努力和成百上千次改进后，目前有各类经典户型上百种，面积从60多㎡～1000多㎡应有尽有，但其中，仍以公寓60多㎡（一房一卫一院）、80多㎡（二房一卫一院），住房110多㎡、120多㎡、130多㎡（三房两卫一院）、140多㎡、150多㎡（四房两卫一院）、160多㎡、180多㎡（四房三卫双主卧一院），200多㎡（五房四卫三主卧一院），以及空中别墅300多㎡、400多㎡（六房五卫四主卧双院）、500多㎡（七房六卫五主卧加52㎡水面私家标准游泳池三院）为主力户型。

第四代住房的三种建筑形式，其名称如下：
①第一种为："空中停车住宅"。
②第二种为："空中立体园林住宅"。
③第三种为："空中庭院住宅"。

上述三种第四代住房创新建筑，均已获得国际国内几十项专利技术，完全属于中国自主知识产权，它不但是全球唯一能实现没有"黑窗户、黑房子、无私密性、无安全性"等任何缺陷的技术，而且所有全部住房，没有一户朝北向的房子，包括东北、西北！（如后图所示）。

10、三种建筑形式所包涵的技术

①第一种建筑形式："空中停车住宅"！包含上述第1项～9项

全部核心技术标准（见后图52页-85页所示）。

②第二种建筑形式："空中立体园林住宅"！不包含上述第6项技术标准，其余全包含，即仍需建地下停车场，但将电梯厅及公共走道都演化成了"空中立体园林"，使每两层房屋仍然有一座几百平方米的空中公共院落（见后图86页-120页所示）。

③第三种建筑形式："空中庭院住宅"！不包含上述第1项、第6项技术标准，其余全包含或部分包涵，即仍需建地下停车场，也保留了电梯厅，但电梯厅都能直接采光（见后图121页-143页所示）。

11、总结

第四代住房，因将高层建筑在居住感觉和效果上，全都变成了如同一两层高的地面四合院一样舒适，所以更合适建设高层建筑或超高层建筑，结构可以是钢筋混凝土结构、钢结构或装配式结构等任何建筑形式，可建在城市任何地方！因此，更方便人们上班、上学、医疗、休闲和出行，是一种比别墅更好和更方便居住的建筑。

在技术特征方面，它同时融合了中国传统四合院、北京胡同街巷、空中园林、空中别墅、空中智能停车、空中垂直绿化等所有建筑优势于一身，使居住重新拥有街坊四邻，使老人不再孤独，使儿童不再孤单，更适宜人类居住。

但它的建筑占地和建设成本却都只与第三代电梯房相当，可使投入与产出比发生倍增和质的变化（即投入与第三代电梯房一样的占地和建造成本，却能得到：与其同等数量的房子+超过总占地面积一倍的空中立体园林+每户一座40㎡以上的私家院子+房子的品质比别墅更好+更方便、更适宜人类居住）。

四、第四代住房报告

第四代住房

让高层住房,全都变成"如同只有一两层高的"低层四合院

一、开宗明义

几百年来，人类工业已进行了三次革命，目前正在进行的是第四次工业革命！

其实，人类住房同样也已经历了三次革命：

第一次，是一万年前开始的，从洞穴到茅草房；
第二次，是三千年前开始的，从茅草房到砖瓦房；
第三次，是一百年前开始的，从砖瓦房到电梯房。

但电梯房没有室外活动空间，人一回到家，就如同被封闭在火柴盒里，只有透过窗户才能看到外面的世界，才能呼吸到新鲜空气，显然它并不是人类最终的理想住房！

那人类住房能否也像人类工业一样进行第四次革命，发明更适宜人类居住的第四代立体园林生态住房呢，即第四代住房呢？

20

这就要像砖瓦房替代茅草房，电梯房又替代砖瓦房一样，每一次的更新换代，都必须要有颠覆性的创新和革命性的改变，这才能称之为新一代住房或住房革命！

所述四次工业革命，每一次亦是如此。

二、住房现状

建筑——人类最赖以生存的产品，是人类进步和城市文明的象征，也是一座城市先进与落后的重要标志！但建筑产品，特别是住房产品在最近几十年来却没有任何创新和变化，这使得所有住房都成了千篇一律，都只有面积大小差异，并还使所有城市都凸显钢筋水泥林立、干涸、枯燥，缺少绿色和没有生机。

我们现在所住的房子，俗称电梯房，其实它并不适合我们的居住习惯！我们几千年来的住房，无论是茅草房还是砖瓦房，大都是一种四合院格局，胡同街巷格局，几乎所有房子都有前院、后院，即门前有大院，屋后有小院，而电梯房，却彻底没有了前院和后院，使人一回到家，就如同被封闭起来，终日与外界隔绝，更没有一个人与自然相融的自由空间，只实现了人类最基础的居住需求。

那人类住房能否像人类工业一样，进行第四次革命，创新出更适宜人类居住的房子，以满足人们日益增长的物质需求，改善人们的居住环境和城市环境，从而实现人们对美好生活的向往呢？

三、更适宜人类居住的房子~畅想

比如，人们都喜欢别墅，但别墅低矮，视线狭窄，价格昂贵，并大都还在郊区，使居住环境阴暗潮湿、冷清且不安全，同时还使上班、上学、医疗、生活都不方便。

人们都喜欢中国传统的四合院和北京的胡同街巷，但因其占地太大，在城市土地资源稀缺的今天，显然不可多得和更不可能再造。

人们也都喜欢电梯房，因它可将房子都叠加起来向空中发展，从而节约了大量土地，并可建在城市中任何地方，十分方便人们居住，但电梯房却又没有了前院、后院，使人就如同居住在火柴盒里，彻底与外界隔绝，并且停车还都要到空气污浊、光线黑暗、24小时都需要照明耗能的地下室，很不方便。

如果有一种方法能将别墅、四合院、胡同街巷、电梯房、垂直绿化、空中园林、空中停车等全部优势都叠加融合在一起，创造出一种新的建筑形式，使人既能住上像四合院、胡同街巷和别墅一样的房子——家家户户都有前院，有后院，有私家园林，车辆都可开到空中自家门口，不用再去黑暗的地下室，同时，它还能有电梯房一样的造价和一样的占地，可建在城市中心任何地方，更方便人们居住，并使人人都能买得起和住得起，那该有多好啊。

这，应该就是第四代住房了。

但要原创出一种全新的、颠覆性的住房，却并不那么容易，下面我们就一起看看这些年来许多的住房创新产品吧。

四、住房创新遇到的最大难题—"黑窗户、黑房子"

这是某地十几年前的一个著名建筑，为了实现人们对有家有院的梦想，设计师将每户房子都设计出了一座院子，这座院子有五六十平米，两层楼高，因为是高层的院子，站在院子里看外面的景观非常不错，但因院子需要有一个高大的平台空间，这样，便遮挡住了下一层所有房间窗户的光线，使其都变成了"黑窗户、黑房子"，使居住者长年不见天日；

红色圆圈内的黑窗户、黑房子
Apartment with insufficient natural light circled in red

并且楼上住户一推开窗，下一层院子里的景象便会被一览无余，这使待在院子里的下层住户完全没有了"私密性"和"安全感"。

红色圆圈内的黑窗户、黑房子
Apartment with insufficient natural light circled in red

这，最近又竣工的一个著名建筑，它每户房子也设计了一座大的院子，但还是因为院子都要有一个足够高大的空间平台（否则就成阳台了），而这个平台仍然遮挡住了下层住户的窗户光线，大家看，这仍然出现了"黑窗户、黑房子"、"无私密性"和"无安全性"等众多致命缺陷问题，而且上下院子还能相互看到，极大降低了居住品质，并使这种房子根本不适宜居住或无法居住。

红色圆圈内的黑窗户、黑房子
Apartment with insufficient natural light circled in red

这还有许多国外著名建筑，也都一样有这种致命缺陷！这是国外的一个著名建筑，其"黑房子"、"无私密性"和"无安全性"问题仍然全都无法解决！并这，似乎成了所有类似建筑的"一种通病"，使房间内的人终日不见天日，根本不适宜居住或无法居住。

这，也成了似乎谁都无法解决的致命难题。

五、设计者的惯性思维

所以，要实现"户户有庭院"，可不是把阳台做高做大，再栽上树，就成院子了这么简单。

但这又是众多设计者的惯性思维或者是个别人的抄袭剽窃习惯，所以不得不再次提醒，以免再有人设计出这种花园庭院上层有窗户的、有致命缺陷的"黑房子"来，使建成后的房子不但不宜居住或无法居住，更是浪费了国家宝贵的土地资源和使开发商的投资无法收回。

六、需要解决的技术难题

如果不能彻底解决"黑窗户、黑房子、无私密性和无安全性"等缺陷问题，人们"有家有院"的梦想终将无法实现，因为任何一个产品，一旦有致命缺陷，都将是没有生命力的！

但要解决"黑窗户、黑房子"问题，似乎又成了一道挡在人们面前，谁都无法解决的世界性难题，因为在常规技术层面里和常识里，一座两层楼高的大院子，再栽上树，必然会遮挡住上下层房间的窗户，使之成为黑房子，同时在院子里的任何景象也会完全暴露在上一层楼窗户的视线下，被人一览无余，更谈不上什么"私密性"和"安全性"了。

并且，住房是一个硬件产品，庭院更需要有一个硬性的宽大空间，不像软件产品，它无法压缩。

七、中国自主知识产权

要创新出"有家有院"的绿色生态住房，是全球所有建筑设计大师的梦想，也更是居住者的梦想！只因"黑房子"等一系列技术难题没有克服，所以才一直无法实现。

令人欣慰的是，由中国多个顶尖技术团队历时六年不懈努力、相互协作、不断创新、终于创造性地解决了"黑房子"、"无私密性"和

"无安全性"三大致命缺陷问题，颠覆性地创造出了一代全新的建筑模式，并先后获得中国、欧盟、日本、韩国等几十个国家的发明专利！

它集所有住房建筑优势于一身：层层有街巷，户户有庭院，建筑外墙长满植物，人与自然和谐共生！可在家种树、种花、种菜，可将车开到空中每层楼的家门口，同时，还不用再建空气污浊、光线黑暗、又24小时都需要照明耗能的地下停车场。

它就是：第四代立体园林生态住房，简称第四代住房、或庭院房。

八、第四代住房的主要技术特点

第四代住房采用了独特的平面布局、立面布局和"花园庭院转换技术"，并创造性地将它们都结合在一起，使每家每户私家庭院的上一层外墙面全都没有了窗户，同时还神奇地满足了所有房间的直接采光（包括所有卫生间都能采光），更不会出现"黑窗户、黑房子"、"无私密性"和"无安全性"等任何问题。

这是在经过长期的探索与实践，才最终摸索出这种解决"黑窗户、黑房子、无私密性和无安全性"等致命缺陷问题的方法（这也是在失败了无数次后的唯一有效方法），从而才能使人们"有家有院"的美丽梦想得以实现。

第四代住房可以建设多层、高层或超高层，可以采用钢结构、混凝土结构、装配式结构等任何现代建筑形式，可建在城市中心任何地方，这与郊区别墅相比，更方便了人们上班、上学、医疗、休闲和出行，并比别墅居住更安全、更私密，空中的视野更广阔！

九、更适宜人类居住

第四代住房，打破了第三代住房封闭居住的界线，它每两层住房的十几二十户人家，就共有一座几百平米的空中公共园林，让高层住房，全都变成如同只有一两层高的低层四合院，使人们在家一开门，门前就有一个相互交流的共享空间，就会有许多老人和儿童在院子里散步、健身、喝茶、下棋、打球，这将使居住又重新有了其乐融融、互帮互助的街坊邻里，使生活又多了许多欢乐和人情味，使老人不再孤独，儿童不再孤单，更适宜老人和儿童居住！

这是一个更加美好的康养社区，使老人在家即可实现居家养老和互助养老，不用再去到养老院，成天都只有老人看更老的人，心情郁闷、糟糕，影响健康！这，又回到了几千年来我们中国人传统的居家养老方式，使老人与儿童都在一起玩耍，增加了知识和青春的互补性，使老人更安心、更幸福、更健康、更长寿！使儿童更快乐、更愉悦、更好成长。

同时还使人们在家即可种树、种花、种菜、聚会、聚餐、遛狗、养生、养鸟，使自家的客厅外都有了一座花园+果园+菜园，使居住与自然相互融合，使人们都能亲近自然，了解自然，与自然中的万物共生长！这将更适宜人类居住。

十、更适宜城市生态文明建设，提高民族自信心

第四代住房，全球原创技术，中国完全自主知识产权，它将使政府不用投入一寸土地和任何资金，就可使建筑的绿化率达到100%，这将彻底改善城市环境，改善人们的居住环境，改变空气质量，增加氧含量，减少尘土和雾霾，使家变成家园，使城市变成森林。

它将是"绿色城市、森林城市、生态城市、公园城市、海绵城市、美丽中国"的最佳体现。

一百多年来，我们似乎一直都在学习国外的先进经验，自己没有多少原创产品引领世界潮流！如果第四代住房能从我国兴起，改变世界，那这些原创技术将会让全世界都来我国学习森林城市建设和绿色生态住房建设！这是一件多么自豪的事情，这将极大增长我们中国人的志气和民族自信心。

所以，我们不能再什么都看外国人做了没有，外国人怎么样，我们才怎么样！我们要引领世界潮流，要去争做一个开创者。

十一、使城市就在森林里，森林就在城市中

第四代住房，一户私家花园庭院的面积，一般在40—120平方米之间，可栽种5米的大树3-5棵，2米左右的小树30-80棵，1米以下的灌木100-200株，花草植物若干，即每一栋约2.5万m^2，200户的建筑，可栽种5米的大树960棵，2米的小树6000棵，灌木5万株，花草若干，而一个小区的十几栋或几十栋建筑，则相当于一个几百上千亩的森林公园。

根据有关资料显示，一个1000亩的森林公园，每天最低可释放氧气60吨，吸收二氧化碳76吨，这相当于可供6万人的氧气摄入量和吸收6万人的二氧化碳排放量。如果一座城市的新建住房和旧城改造项目全都建设第四代绿色生态建筑，这就如同给这座城市增加了一片片森林和一座座天然氧吧。

这使植树造林不仅在荒山野岭，还可在城市的建筑中进行，使城市的钢筋水泥建筑变为一片片长满鲜花树木的森林。

十二、对城市生态系统的影响，主要集中体现在以下8个方面：

1、彻底改变城市钢筋水泥林立的环境风貌；

2、极大提升人们的住房品质，实现人类几千年来"有家有院"的居住梦想；

3、增加城市空气氧含量，调节城市小气候，消除城市"热岛效应"；

4、不再建既费钱又耗能的地下停车场，使建筑更环保、更节能，并可使工期缩短五个月以上；

5、使居住与自然和谐共生，使城市形象充满生机与活力，焕然一新；

6、增加了住房产品的多样性，满足了人们不断增长的物质需求，是"人民对美好生活的向往"的具体表现；

7、使投入与产出比发生了质的变化——即投入与普通住房一样的占地和建造成本，却得到了比别墅更好居住的房子和比总建筑占地更大的空中绿化园林。

8、是建设"绿色城市、森林城市、生态城市、公园城市、美丽中国"的最好诠释，并使其真正落到实处。

十三、它会不会很贵？人们买得起吗？

第四代住房不再建地下室停车场，减少了80%以上既费钱又耗能的土石方挖运、废土填埋和地下工程量，它空中的街巷、四合院面积就是用地下室停车场面积置换的，所以不但不会增加成本，在地下工程复杂的地区，成本反而会有所下降！

同时，住户车辆都可通过载车电梯开到空中每户人家门口，不用再去空气污浊黑暗的地下停车场，这不但方便了回家停车和节约了24小时地下照明，还使建筑更环保，更省钱，更节能！

第四代住房虽然是一种比别墅更好居住的房子，但造价却只与普通第三代电梯房相当，占地更是不到别墅的五分之一，也只与普通第三代电梯房一样，这将使其投入与产出比发生质的变化，并成倍地提高了生产力！

所以，它应该是所有老百姓都买得起和住得起的房子，可惠及大众百姓。

十四、它的最大神奇之处还在于：

第四代住房的空中花园庭院覆土面积相加，将超过它整个小区的总占土地面积（如一个占地200亩的建筑小区，其空中庭院覆土40Cm以上的花园面积相加则超过了200亩）！这样，无论是住户将其花园庭院覆土面积用来植树做绿化，还是用来栽种果蔬做菜园，这些建设用地便又以另一种形式在空中得到了100%的再生！

这是一个创造性和颠覆性的发明！

这相当于建设第四代空中立体园林生态住房，在国家的土地总量中，没有占用一寸土地（可它却又实实在在地使用了这些土地，国家也拍卖了这些土地，在这些土地上也更是建设了很多房子，实现了人们千百年来对"有家有院"的梦想，同时还极大地提高了城市的绿化率，改善了城市环境和给国家带来了巨大的土地费收入和财税收入）。

这是不是很神奇啊？

这，就是技术革命所带来的先进生产力！

五、第四代住房（建筑单元）

　　建筑单元房屋共有18个单元户型，面积涵盖了所有大小户型，平层套内面积从75平米至200多平米均有，已能满足大众需求；跃层面积从每户200多平方米至1000多平米均有，也能满足各类阶层的不同需求。

第四代住房（建筑单元房屋户型之一）

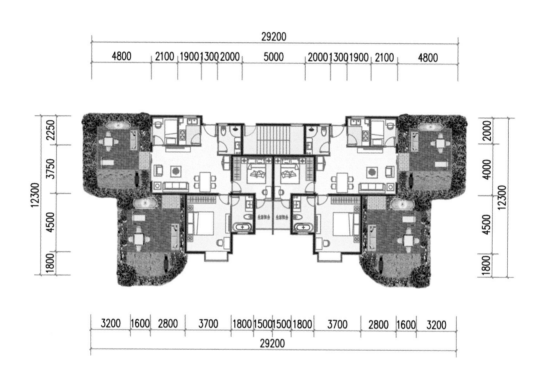

单元户型平面图　一种户型

3房2厅2卫　套内面积75m²　花园面积30m²

第四代住房（建筑单元房屋户型之二）

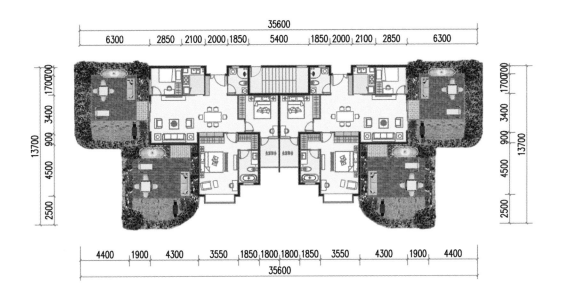

单元户型平面图 一种户型

3房2厅2卫 套内面积95m² 花园面积45m²

第四代住房（建筑单元房屋户型之三）

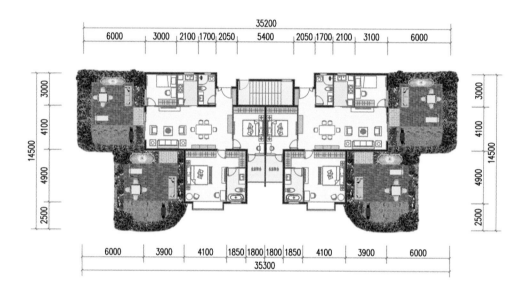

单元户型平面图　一种户型

3房2厅2卫　套内面积105m² 花园面积45m²

第四代住房（建筑单元房屋户型之四）

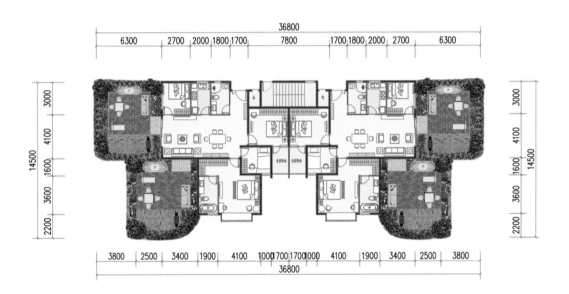

单元户型平面图　　一种户型

4房2厅2卫　套内面积112m²　花园面积45m²

第四代住房（建筑单元房屋户型之五）

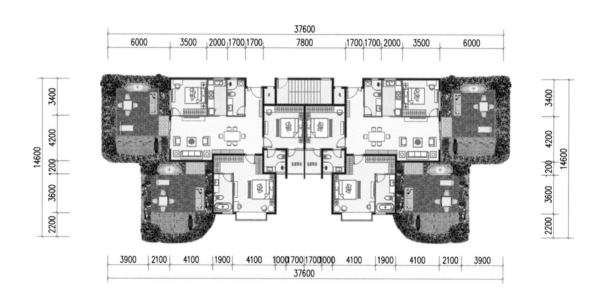

单元户型平面图　一种户型

3房2厅3卫（双主卧）　套内面积119m² 　花园面积45m²

第四代住房（建筑单元房屋户型之六）

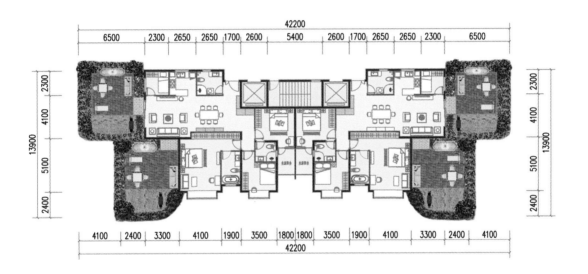

单元户型平面图　一种户型

4房2厅3卫（双主卧）　套内面积126m²　花园面积45m²

第四代住房（建筑单元房屋户型之七）

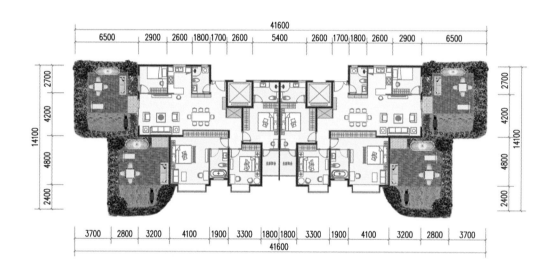

单元户型平面图　一种户型

4房2厅3卫（双主卧、带储藏）　套内面积132m²

花园面积45m²

第四代住房（建筑单元房屋户型之八）

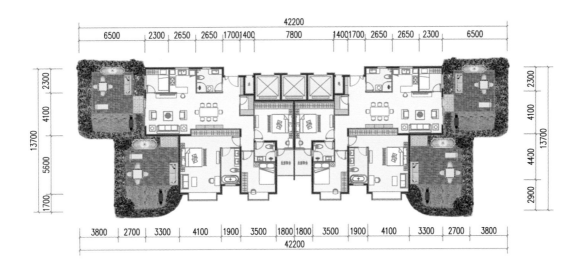

单元户型平面图　一种户型

4房2厅3卫（双主卧、带储藏室）　套内面积135m²

花园面积45m²

第四代住房（建筑单元房屋户型之九）

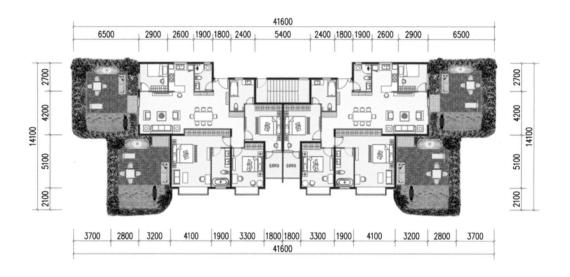

单元户型平面图　一种户型

4房2厅3卫（双主卧、带储藏）　套内面积136m²

花园面积45m²

第四代住房（建筑单元房屋户型之十）

单元户型平面图　一种户型

4房2厅3卫（双主卧、带储藏室）　套内面积141.5m^2

花园面积45m^2

第四代住房（建筑单元房屋户型之十一）

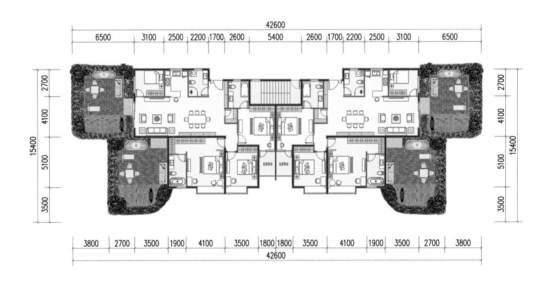

单元户型平面图　一种户型

4房2厅3卫（双主卧、带储藏）　套内面积142m²

花园面积45m²

第四代住房（建筑单元房屋户型之十二）

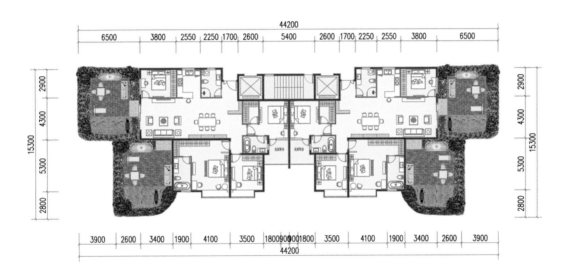

单元户型平面图　一种户型

4房2厅3卫（双主卧）　套内面积150m²

花园面积48m²

43

第四代住房（建筑单元房屋户型之十三）

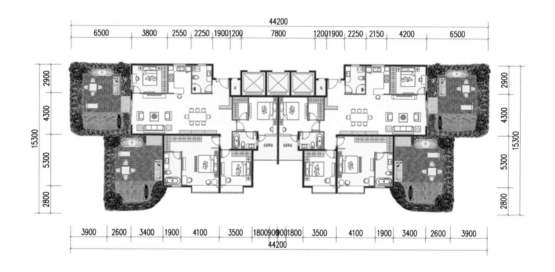

单元户型平面图　一种户型

4房2厅3卫（双主卧）　套内面积150m²

花园面积50m²

第四代住房（建筑单元房屋户型之十四）

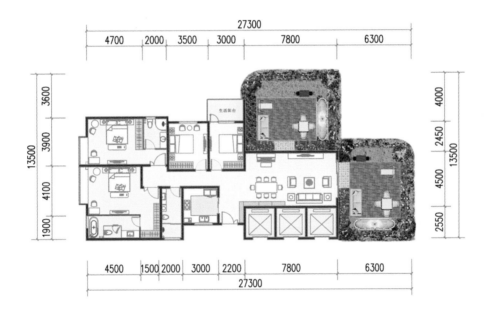

单元户型平面图　一种户型

4房2厅3卫（双主卧）　套内面积163m²

花园面积50m²

第四代住房（建筑单元房屋户型之十五）

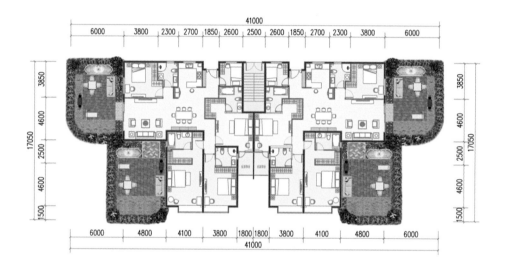

单元户型平面图　　一种户型

5房2厅4卫（三主卧）　套内面积177m²

花园面积55m²

第四代住房（建筑单元房屋户型之十六）

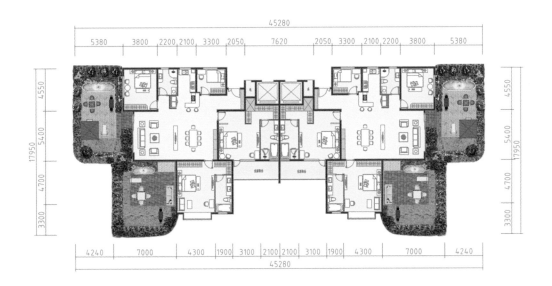

单元户型平面图　一种户型

4房2厅3卫（双主卧）　套内面积189m²

花园面积56/60m²

第四代住房（建筑单元房屋户型之十七）

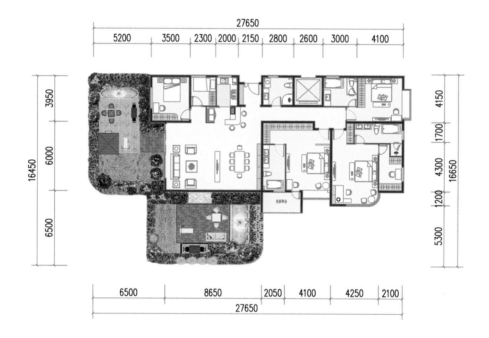

单元户型平面图　一种户型

5房3厅4卫（三主卧）　套内面积220m²

花园面积60m²

第四代住房（建筑单元房屋户型之十八）

单元户型平面图　跃层户型

7房5厅6卫（5主卧）　套内面积456m²

花园面积105m²　游泳池面积65m²

单元户型平面图 跃层下层

7房5厅6卫（5主卧）　套内面积456m²

花园面积105m²　游泳池面积65m²

单元户型平面图 跃层上层

7房5厅6卫（5主卧）　套内面积456m²

花园面积105m²　游泳池面积65m²

说明：

第四代住房共有三种建筑形式

1、空中停车住宅；

2、空中立体园林住宅；

3、空中庭院住宅。

第四代住房的三种建筑形式，都是由前述"建筑单元房屋"组合而成，当然在第四代住房技术原理的基础上，还可以变化出更多的单元户型，组合出更多的不同建筑。

六、第一种建筑形式：空中停车住宅
建筑单元房屋与停车层的彩色平面组合示意图

说明：

  它的巨大优势在于：它不再建既费钱又耗时的黑暗地下停车场，也没有了传统建筑封闭的黑暗电梯厅和楼道，都将其变化成了敞开式的一座座空中公共停车场院落，使住户一出电梯就在宽阔明亮的公共院落里，并使住户都有了较大的公共室外休闲活动空间；

第四代住房的~第一种建筑形式

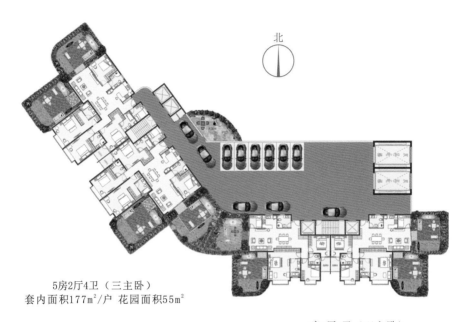

北

5房2厅4卫（三主卧）
套内面积177m²/户　花园面积55m²

4房2厅3卫（双主卧）
套内面积126m²/户　花园面积45m²

每层公共庭院　含奇、偶两层共八户　二种户型
4房2厅3卫(双主卧)　套内面积126m²　花园面积45m²
5房2厅4卫(三土卧)　套内面积177m²　花园面积55m²

第四代住房的~第一种建筑形式：
空中停车住宅　综合楼层平面图

第四代住房的~第一种建筑形式

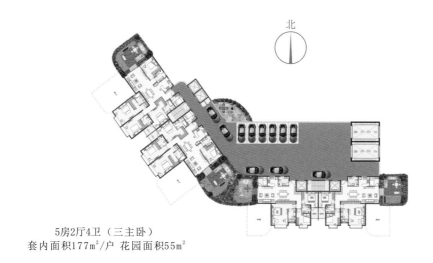

北

5房2厅4卫（三主卧）
套内面积177m²/户 花园面积55m²

4房2厅3卫（双主卧）
套内面积126m²/户 花园面积45m²

第四代住房的~第一种建筑形式：

空中停车住宅 停车层平面图

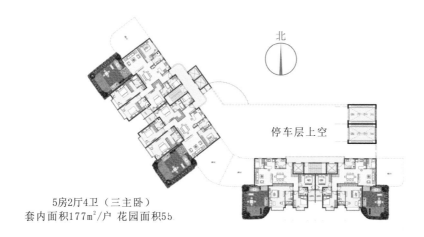

北

停车层上空

5房2厅4卫（三主卧）
套内面积177m²/户 花园面积5b

4房2厅3卫（双主卧）
套内面积126m²/户 花园面积45m²

第四代住房的~第一种建筑形式：

空中停车住宅 停车上层平面图

第四代住房的~第一种建筑形式

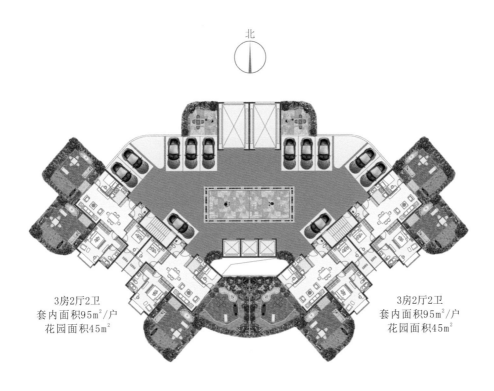

3房2厅2卫
套内面积95m²/户
花园面积45m²

3房2厅2卫
套内面积95m²/户
花园面积45m²

每层公共庭院　含奇、偶两层共八户　一种户型

3房2厅2卫　套内面积95m²　花园面积45m²

第四代住房的~第一种建筑形式：

空中停车住宅　综合楼层平面图

第四代住房的~第一种建筑形式

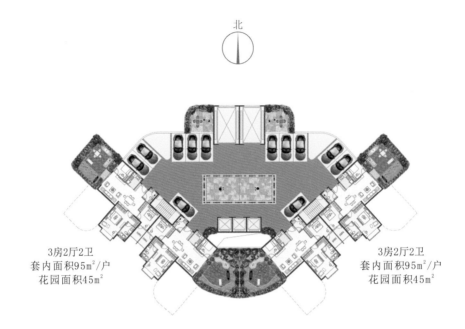

北

3房2厅2卫
套内面积95m²/户
花园面积45m²

3房2厅2卫
套内面积95m²/户
花园面积45m²

第四代住房的~第一种建筑形式：

空中停车住宅　停车层平面图

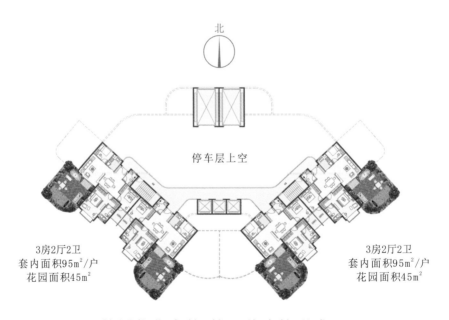

北

停车层上空

3房2厅2卫
套内面积95m²/户
花园面积45m²

3房2厅2卫
套内面积95m²/户
花园面积45m²

第四代住房的~第一种建筑形式：

空中停车住宅　停车上层平面图

56

第四代住房的~第一种建筑形式

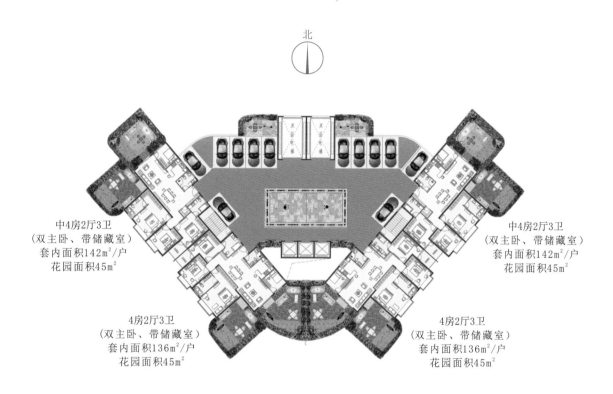

北

中4房2厅3卫
（双主卧、带储藏室）
套内面积142m²/户
花园面积45m²

中4房2厅3卫
（双主卧、带储藏室）
套内面积142m²/户
花园面积45m²

4房2厅3卫
（双主卧、带储藏室）
套内面积136m²/户
花园面积45m²

4房2厅3卫
（双主卧、带储藏室）
套内面积136m²/户
花园面积45m²

每层公共庭院　含奇、偶两层共八户　二种户型

4房2厅3卫(双主卧、带储藏室)　套内面积136m²　花园面积45m²

中4房2厅3卫(双主卧、带储藏室)　套内面积142m²　花园面积45m²

第四代住房的~第一种建筑形式：

空中停车住宅　综合楼层平面图

第四代住房的~第一种建筑形式

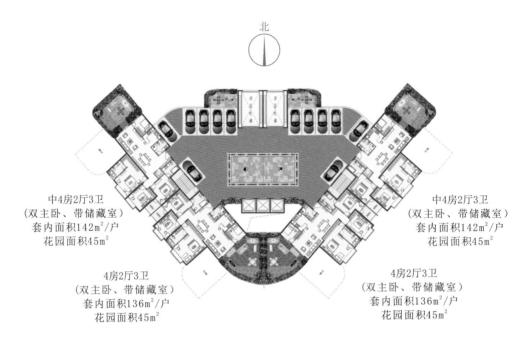

北

中4房2厅3卫
（双主卧、带储藏室）
套内面积142m²/户
花园面积45m²

中4房2厅3卫
（双主卧、带储藏室）
套内面积142m²/户
花园面积45m²

4房2厅3卫
（双主卧、带储藏室）
套内面积136m²/户
花园面积45m²

4房2厅3卫
（双主卧、带储藏室）
套内面积136m²/户
花园面积45m²

第四代住房的~第一种建筑形式：

空中停车住宅　停车层平面图

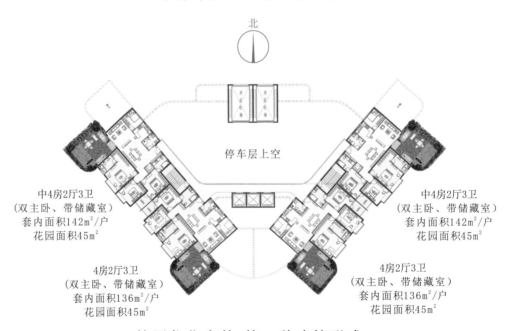

北

停车层上空

中4房2厅3卫
（双主卧、带储藏室）
套内面积142m²/户
花园面积45m²

中4房2厅3卫
（双主卧、带储藏室）
套内面积142m²/户
花园面积45m²

4房2厅3卫
（双主卧、带储藏室）
套内面积136m²/户
花园面积45m²

4房2厅3卫
（双主卧、带储藏室）
套内面积136m²/户
花园面积45m²

第四代住房的~第一种建筑形式：

空中停车住宅　停车上层平面图

第四代住房的~第一种建筑形式

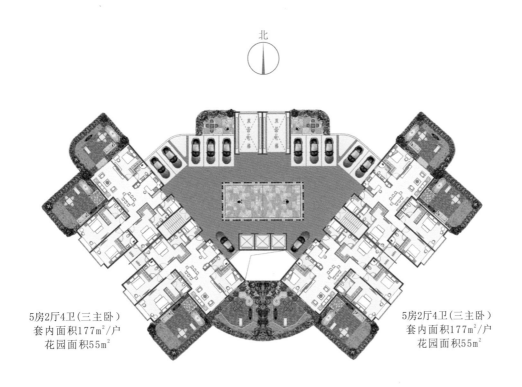

5房2厅4卫(三主卧)
套内面积177m²/户
花园面积55m²

5房2厅4卫(三主卧)
套内面积177m²/户
花园面积55m²

每层公共庭院　含奇、偶两层共八户　一种户型

5房2厅4卫(三土卧)　　套内面积177m²　　花园面积55m²

第四代住房的~第一种建筑形式:

空中停车住宅　综合楼层平面图

第四代住房的~第一种建筑形式

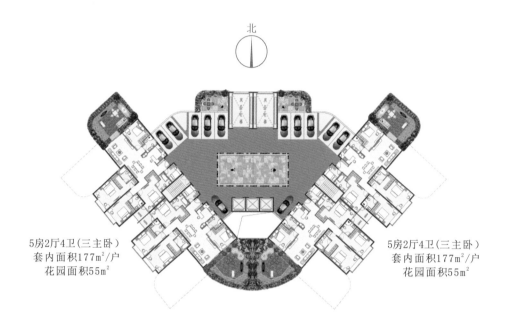

北

5房2厅4卫(三主卧)
套内面积177m²/户
花园面积55m²

5房2厅4卫(三主卧)
套内面积177m²/户
花园面积55m²

第四代住房的~第一种建筑形式：

空中停车住宅　停车层平面图

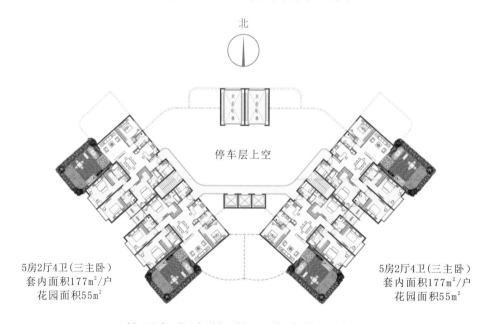

北

停车层上空

5房2厅4卫(三主卧)
套内面积177m²/户
花园面积55m²

5房2厅4卫(三主卧)
套内面积177m²/户
花园面积55m²

第四代住房的~第一种建筑形式：

空中停车住宅　停车上层平面图

第四代住房的~第一种建筑形式

北

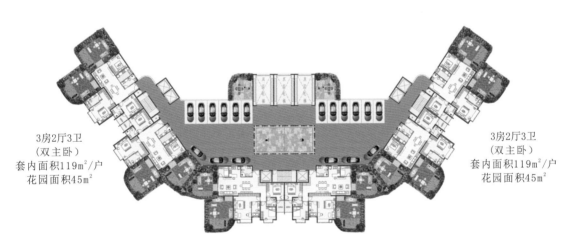

3房2厅3卫
（双主卧）
套内面积119m²/户
花园面积45m²

3房2厅3卫
（双主卧）
套内面积119m²/户
花园面积45m²

4房2厅3卫(双主卧)
套内面积126m²/户
花园面积45m²

每层公共庭院　含奇、偶两层共十二户　二种户型

3房2厅3卫(双主卧)　套内面积119m²　花园面积45m²

4房2厅3卫(双主卧)　套内面积126m²　花园面积45m²

第四代住房的~第一种建筑形式：

空中停车住宅　综合楼层平面图

第四代住房的~第一种建筑形式

北

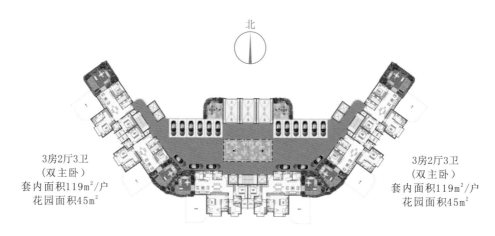

3房2厅3卫
（双主卧）
套内面积119m²/户
花园面积45m²

3房2厅3卫
（双主卧）
套内面积119m²/户
花园面积45m²

4房2厅3卫(双主卧)
套内面积126m²/户
花园面积45m²

第四代住房的~第一种建筑形式：

空中停车住宅 停车层平面图

北

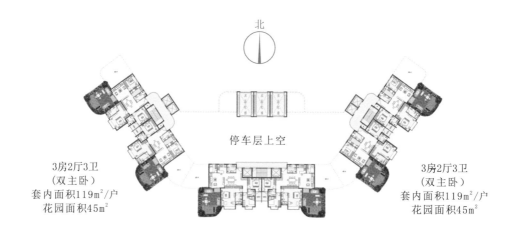

停车层上空

3房2厅3卫
（双主卧）
套内面积119m²/户
花园面积45m²

3房2厅3卫
（双主卧）
套内面积119m²/户
花园面积45m²

4房2厅3卫(双主卧)
套内面积126m²/户
花园面积45m²

第四代住房的~第一种建筑形式：

空中停车住宅 停车上层平面图

第四代住房的~第一种建筑形式

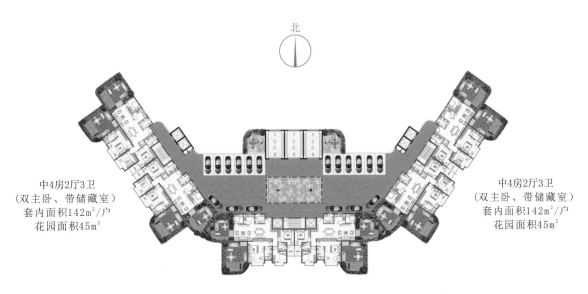

中4房2厅3卫
（双主卧、带储藏室）
套内面积142m²/户
花园面积45m²

中4房2厅3卫
（双主卧、带储藏室）
套内面积142m²/户
花园面积45m²

4房2厅3卫（双主卧）
套内面积126m²/户
花园面积45m²

每层公共庭院 含奇、偶两层共十二户 二种户型

4房2厅3卫（双主卧） 套内面积126m² 花园面积45m²

4房2厅3卫（双主卧、带储藏室） 套内面积142m² 花园面积45m²

第四代住房的~第一种建筑形式：

空中停车住宅 综合楼层平面图

第四代住房的~第一种建筑形式

北

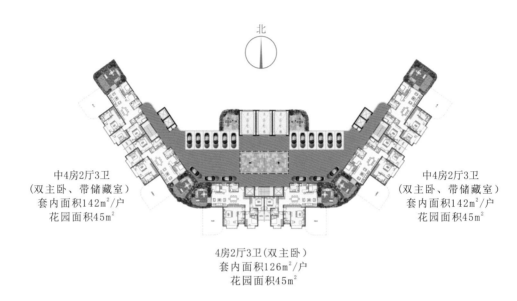

中4房2厅3卫
（双主卧、带储藏室）
套内面积142m²/户
花园面积45m²

中4房2厅3卫
（双主卧、带储藏室）
套内面积142m²/户
花园面积45m²

4房2厅3卫（双主卧）
套内面积126m²/户
花园面积45m²

第四代住房的~第一种建筑形式：

空中停车住宅　停车层平面图

北

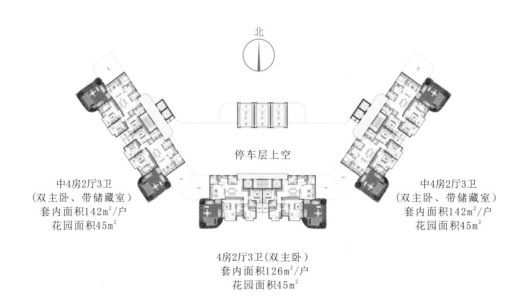

停车层上空

中4房2厅3卫
（双主卧、带储藏室）
套内面积142m²/户
花园面积45m²

中4房2厅3卫
（双主卧、带储藏室）
套内面积142m²/户
花园面积45m²

4房2厅3卫（双主卧）
套内面积126m²/户
花园面积45m²

第四代住房的~第一种建筑形式：

空中停车住宅　停车上层平面图

第四代住房的~第一种建筑形式

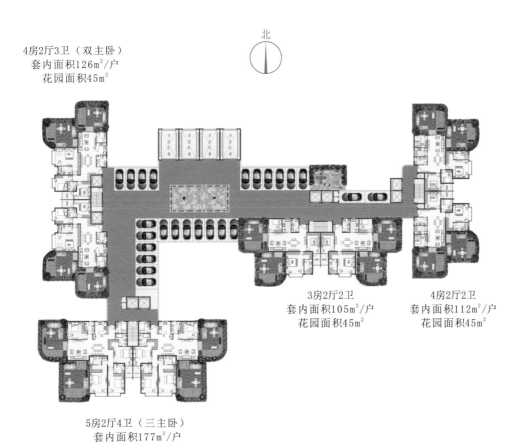

4房2厅3卫（双主卧）
套内面积126m²/户
花园面积45m²

北

3房2厅2卫
套内面积105m²/户
花园面积45m²

4房2厅2卫
套内面积112m²/户
花园面积45m²

5房2厅4卫（三主卧）
套内面积177m²/户
花园面积55m²

每层公共庭院　含奇、偶两层共十六户　四种户型

3房2厅2卫　套内面积105m²　花园面积45m²

4房2厅2卫　套内面积112m²　花园面积45m²

4房2厅3卫（双主卧）　套内面积126m²　花园面积45m²

5房2厅4卫（三主卧）　套内面积177m²　花园面积55m²

第四代住房的~第一种建筑形式：

空中停车住宅　综合楼层平面图

第四代住房的~第一种建筑形式

4房2厅3卫（双主卧）
套内面积126m²/户
花园面积45m²

北

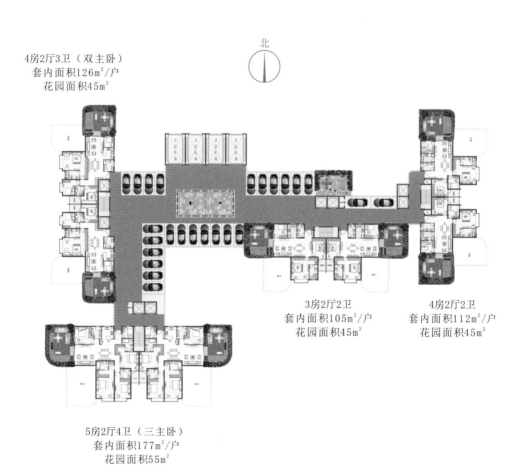

3房2厅2卫
套内面积105m²/户
花园面积45m²

4房2厅2卫
套内面积112m²/户
花园面积45m²

5房2厅4卫（三主卧）
套内面积177m²/户
花园面积55m²

第四代住房的~第一种建筑形式：
空中停车住宅　停车层平面图

第四代住房的~第一种建筑形式

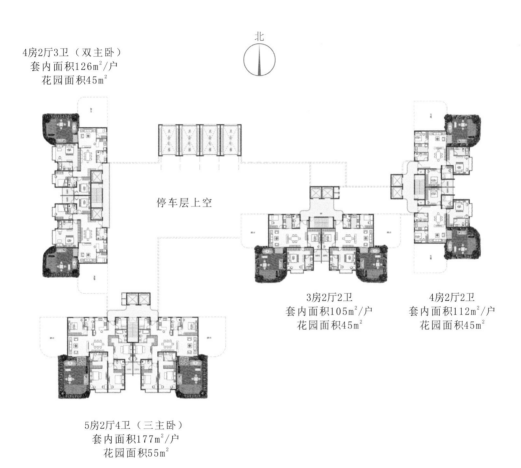

北

4房2厅3卫（双主卧）
套内面积126m²/户
花园面积45m²

停车层上空

3房2厅2卫
套内面积105m²/户
花园面积45m²

4房2厅2卫
套内面积112m²/户
花园面积45m²

5房2厅4卫（三主卧）
套内面积177m²/户
花园面积55m²

第四代住房的~第一种建筑形式：
空中停车住宅　停车层上层平面图

第四代住房的~第一种建筑形式

北

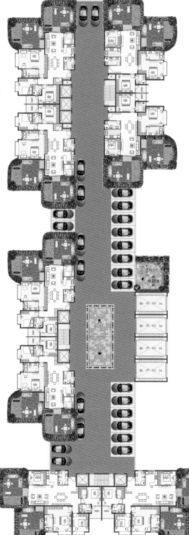

4房2厅3卫
（双主卧、带储藏室）
套内面积135m²/户
花园面积45m²

3房2厅3卫（双主卧）
套内面积119m²/户
花园面积45m²

4房2厅3卫（双主卧）
套内面积126m²/户
花园面积45m²

大4房2厅3卫（双主卧）
套内面积150m²/户
花园面积50m²

第四代住房的~第一种建筑形式：
空中停车住宅　综合楼层平面图

第四代住房的~第一种建筑形式

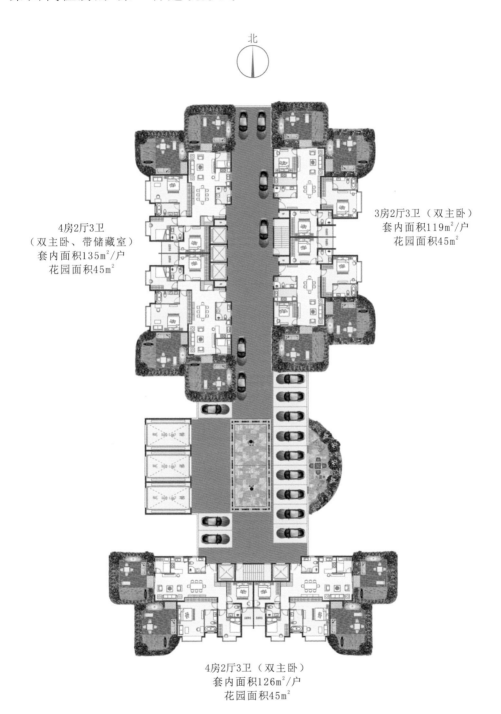

北

4房2厅3卫
（双主卧、带储藏室）
套内面积135m²/户
花园面积45m²

3房2厅3卫（双主卧）
套内面积119m²/户
花园面积45m²

4房2厅3卫（双主卧）
套内面积126m²/户
花园面积45m²

第四代住房的~第一种建筑形式：
空中停车住宅　综合楼层平面图

第四代住房的~第一种建筑形式

北

4房2厅3卫
（双主卧、带储藏室）
套内面积135m²/户
花园面积45m²

4房2厅3卫
（双主卧、带储藏室）
套内面积136m²/户
花园面积45m²

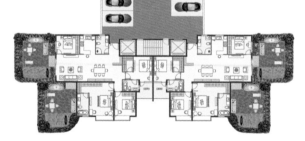

4房2厅3卫（双主卧）
套内面积150m²/户
花园面积50m²

第四代住房的~第一种建筑形式：
空中停车住宅　综合楼层平面图

第四代住房的~第一种建筑形式

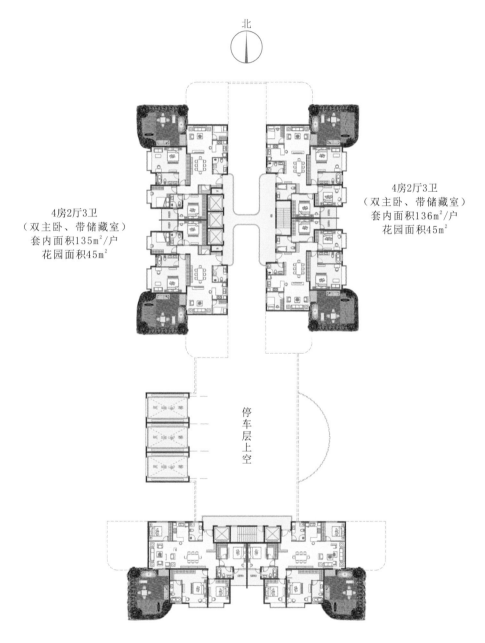

北

4房2厅3卫
（双主卧、带储藏室）
套内面积135m²/户
花园面积45m²

4房2厅3卫
（双主卧、带储藏室）
套内面积136m²/户
花园面积45m²

停车层上空

4房2厅3卫（双主卧）
套内面积150m²/户
花园面积50m²

第四代住房的~第一种建筑形式：
空中停车住宅 停车层上层平面图

第四代住房的~第一种建筑形式

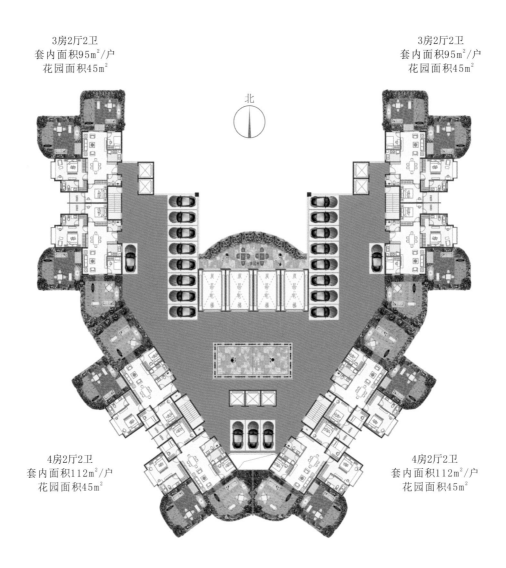

3房2厅2卫
套内面积95m²/户
花园面积45m²

3房2厅2卫
套内面积95m²/户
花园面积45m²

北

4房2厅2卫
套内面积112m²/户
花园面积45m²

4房2厅2卫
套内面积112m²/户
花园面积45m²

每层公共庭院　含奇、偶两层共十六户　二种户型
3房2厅2卫　套内面积95m²　花园面积45m²
4房2厅2卫　套内面积112m²　花园面积45m²

第四代住房的~第一种建筑形式：
空中停车住宅　综合层平面图

第四代住房的~第一种建筑形式

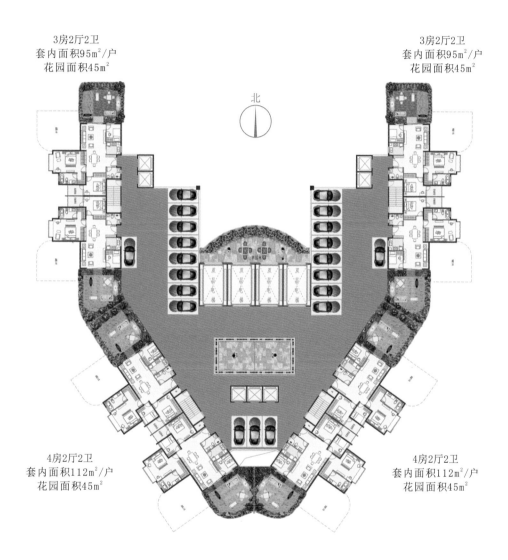

3房2厅2卫
套内面积95m²/户
花园面积45m²

3房2厅2卫
套内面积95m²/户
花园面积45m²

北

4房2厅2卫
套内面积112m²/户
花园面积45m²

4房2厅2卫
套内面积112m²/户
花园面积45m²

每层公共庭院　含奇、偶两层共十六户　二种户型
3房2厅2卫　套内面积95m²　花园面积45m²
4房2厅2卫　套内面积112m²　花园面积45m²

第四代住房的~第一种建筑形式：
空中停车住宅　停车层平面图

第四代住房的~第一种建筑形式

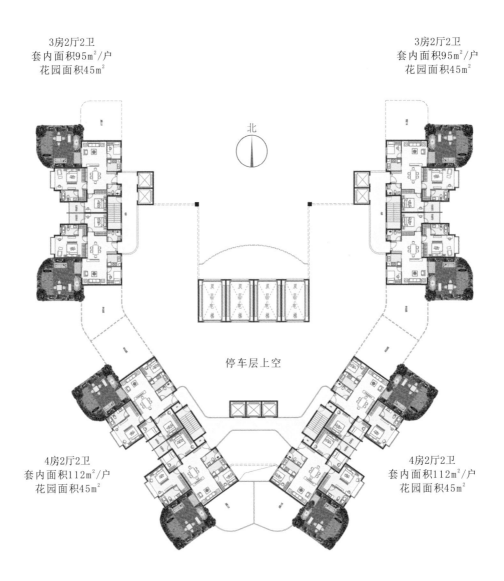

3房2厅2卫
套内面积95m²/户
花园面积45m²

3房2厅2卫
套内面积95m²/户
花园面积45m²

北

停车层上空

4房2厅2卫
套内面积112m²/户
花园面积45m²

4房2厅2卫
套内面积112m²/户
花园面积45m²

每层公共庭院　含奇、偶两层共十六户　二种户型
3房2厅2卫　　套内面积95m²　　花园面积45m²
4房2厅2卫　　套内面积112m²　　花园面积45m²

第四代住房的~第一种建筑形式：
空中停车住宅　停车上层平面图

74

第四代住房的~第一种建筑形式

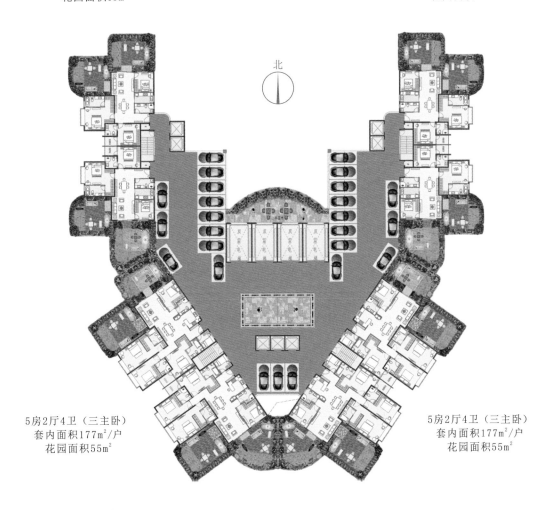

3房2厅3卫（双主卧）
套内面积119m²/户
花园面积45m²

3房2厅3卫（双主卧）
套内面积119m²/户
花园面积45m²

5房2厅4卫（三主卧）
套内面积177m²/户
花园面积55m²

5房2厅4卫（三主卧）
套内面积177m²/户
花园面积55m²

每层公共庭院　含奇、偶两层共十六户　二种户型

3房2厅3卫（双主卧）　套内面积119m²　花园面积45m²

5房2厅4卫(三主卧)　套内面积177m²　花园面积55m²

第四代住房的~第一种建筑形式：

空中停车住宅　综合楼层平面图

第四代住房的~第一种建筑形式

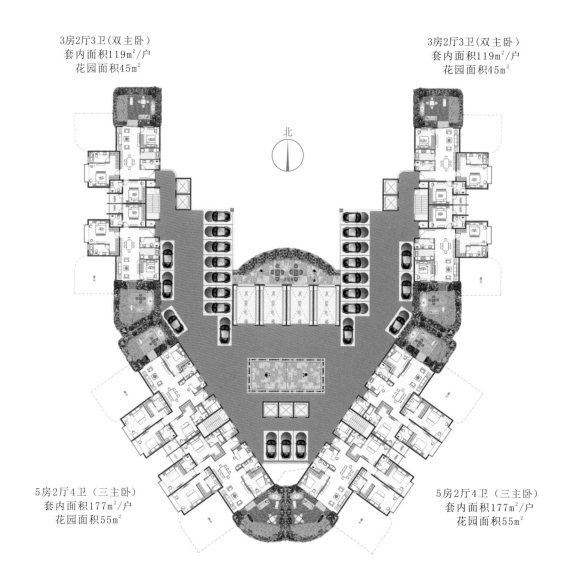

3房2厅3卫（双主卧）
套内面积119m²/户
花园面积45m²

3房2厅3卫（双主卧）
套内面积119m²/户
花园面积45m²

北

5房2厅4卫（三主卧）
套内面积177m²/户
花园面积55m²

5房2厅4卫（三主卧）
套内面积177m²/户
花园面积55m²

每层公共庭院　含奇、偶两层共十六户　二种户型
3房2厅3卫（双主卧）　套内面积119m²　花园面积45m²
5房2厅4卫（三主卧）　套内面积177m²　花园面积55m²

第四代住房的~第一种建筑形式：

空中停车住宅　停车层平面图

第四代住房的~第一种建筑形式

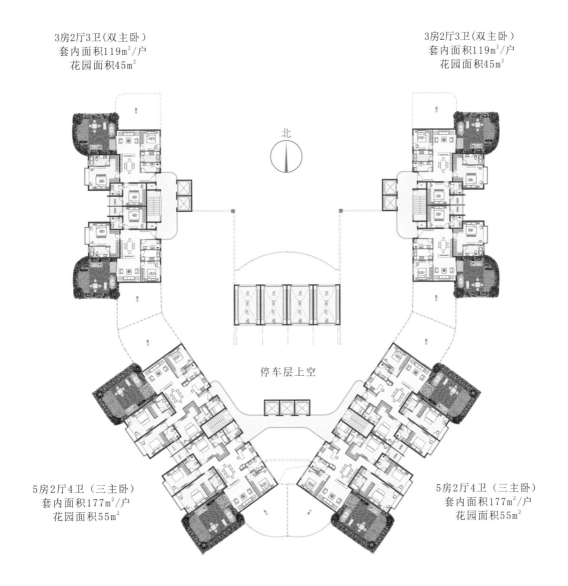

3房2厅3卫（双主卧）
套内面积119m²/户
花园面积45m²

3房2厅3卫（双主卧）
套内面积119m²/户
花园面积45m²

北

停车层上空

5房2厅4卫（三主卧）
套内面积177m²/户
花园面积55m²

5房2厅4卫（三主卧）
套内面积177m²/户
花园面积55m²

每层公共庭院　含奇、偶两层共十六户　二种户型
3房2厅3卫（双主卧）　套内面积119m²　花园面积45m²
5房2厅4卫(三主卧)　套内面积177m²　花园面积55m²

第四代住房的~第一种建筑形式：
空中停车住宅　停车层上层平面图

77

第四代住房的~第一种建筑形式

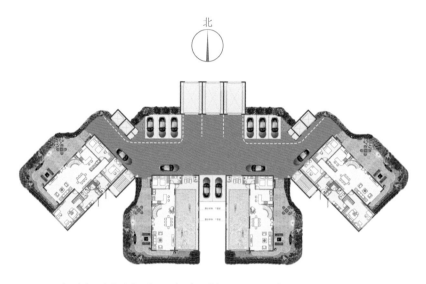

7房3厅6卫(五主卧）套内面积325m² 花园面积118m²
5房3厅5卫(四主卧，带私家泳池）套内面积325m² 花园面积118m²
别墅户型

第四代住房的~第一种建筑形式：

空中停车住宅 停车层平面图

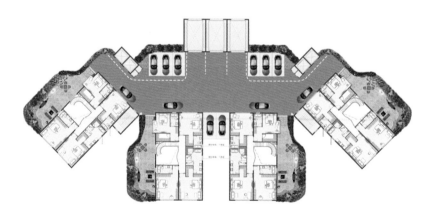

7房3厅6卫(五主卧）套内面积325m² 花园面积118m²
5房3厅5卫(四主卧，带私家泳池）套内面积325m² 花园面积118m²
别墅户型

第四代住房的~第一种建筑形式：

空中停车住宅 停车层上层平面图

第四代住房的~第一种建筑形式

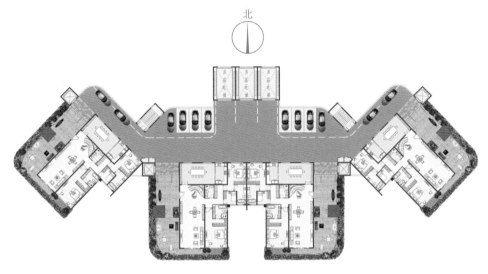

6房5厅6卫（5主卧，带私家泳池）
套内面积428m² 花园面积118m²
别墅户型

第四代住房的~第一种建筑形式：

空中停车住宅 停车层平面图

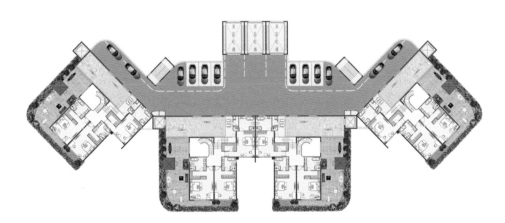

6房5厅6卫（5主卧，带私家泳池）
套内面积428m² 花园面积118m²
别墅户型

第四代住房的~第一种建筑形式：

空中停车住宅 停车层上层平面图

第四代住房的~第一种建筑形式

6房5厅6卫　　　　　　　　　　　　　　　　　　　　　　6房5厅6卫
（5主卧·带私家泳池）　　　　　　　北　　　　　　　　（5主卧·带私家泳池）
套内面积489m²　花园面积115m²　　　　　　　　　　套内面积489m²　花园面积115m²

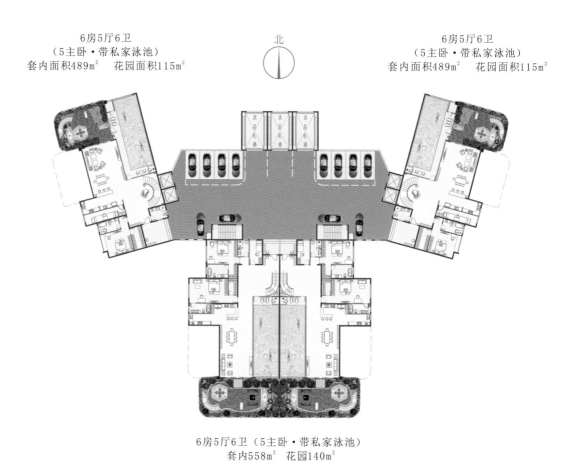

6房5厅6卫（5主卧·带私家泳池）
套内558m²　花园140m²

空中别墅园林建筑

第四代住房的~第一种建筑形式：

空中停车住宅　停车层平面图

80

第四代住房的~第一种建筑形式

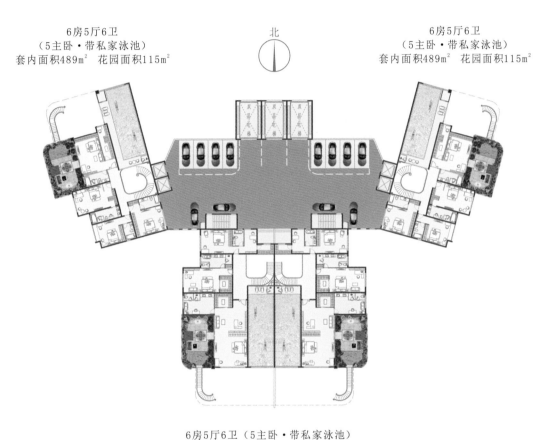

6房5厅6卫
（5主卧·带私家泳池）
套内面积489m² 花园面积115m²

北

6房5厅6卫
（5主卧·带私家泳池）
套内面积489m² 花园面积115m²

6房5厅6卫（5主卧·带私家泳池）
套内558m² 花园140m²

空中别墅园林建筑

第四代住房的~第一种建筑形式：
空中停车住宅 停车层上层平面图

第四代住房的~第一种建筑形式

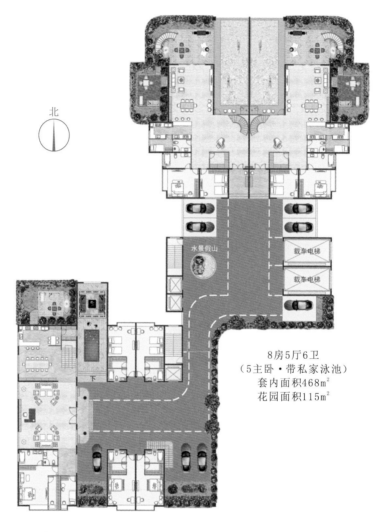

北

8房5厅6卫
（5主卧·带私家泳池）
套内面积468m²
花园面积115m²

11房5厅11卫（8主卧·带私家泳池）
套内776m² 花园160m²

空中双拼别墅+独栋四合院 （一层三户）

第四代住房的~第一种建筑形式：

空中停车住宅 停车层平面图

第四代住房的~第一种建筑形式

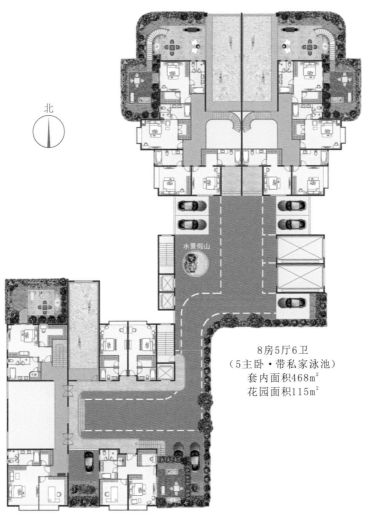

北

水景假山

8房5厅6卫
（5主卧·带私家泳池）
套内面积468m²
花园面积115m²

11房5厅11卫（8主卧·带私家泳池）
套内776m² 花园160m²

空中双拼别墅+独栋四合院 （一层三户）

第四代住房的~第一种建筑形式：

空中停车住宅 停车上层平面图

第四代住房的~第一种建筑形式

北

水景假山

载车电梯

载车电梯

9房6厅7卫
（6主卧·带私家泳池）
套内面积978m²
花园面积245m²

11房5厅11卫（8主卧·带私家泳池）
套内面积776m² 花园面积160m²

空中双拼别墅+独栋四合院 （一层二户）

第四代住房的~第一种建筑形式：

空中停车住宅 停车层平面图

第四代住房的~第一种建筑形式

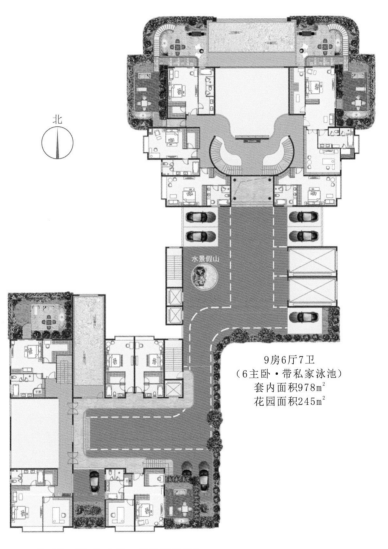

9房6厅7卫
（6主卧·带私家泳池）
套内面积978m²
花园面积245m²

11房5厅11卫（8主卧·带私家泳池）
套内面积776m²/户 花园面积160m²

空中双拼别墅+独栋四合院 （一层二户）

第四代住房的~第一种建筑形式：

空中停车住宅 停车层上层平面图

七、第二种建筑形式：空中立体园林住宅
建筑单元房屋与公共园林的彩色平面组合示意图

说明：

　　它的巨大优势在于：它将传统建筑封闭的黑暗电梯厅和楼道，演化为了一座敞开式的公共园林院落和街巷，使住户一出电梯就在宽阔明亮的室外公共院落里，并使住户有了较大的公共室外休闲活动空间，同时还带来了建筑全部垂直绿化和空间绿化，这将使城市环境，建设者和住户等各方都获得巨大受益！

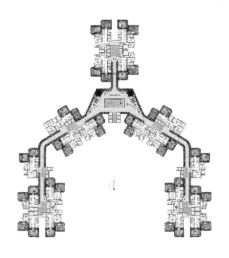

说明：

以其中一栋建筑为例，来阐述一下这种创新建筑的优势，它没有了传统建筑封闭的黑暗电梯厅和楼道，将其变化为了敞开式的园林院落和街巷，使住户一出电梯就在宽阔明亮的室外街巷里，并使住户有了较大的公共室外休闲活动空间，同时还带来了建筑全部垂直绿化和空间绿化，这将使城市环境，建设者和住户等各方都获得巨大受益！

但它的房屋公摊率也仅在20%-25%之间！

以下是其中一栋建筑的主要经济技术指标：

1、电梯2层面积 　　　　　　 380m²

2、楼梯2层面积 　　　　　　 210m²

3、园林街巷面积 　　　　　 1970m²（按50%计算）

4、上层连廊面积 　　 365m²（按50%计算）

5、两层房屋的套内面积共计为5230m²

6、公摊面积共为 　　 1759m²，公摊率为25%

（注，上述指标均根据现行的计算规则执行：即封闭的电梯、楼梯、管井均全算面积，其余不封闭的园林街巷面积和上层连廊面积均算一半面积，如能争取到政策"公共园林街巷"不计算容积率面积，则公摊率仅为3%以下）。

第四代住房的~第二种建筑形式

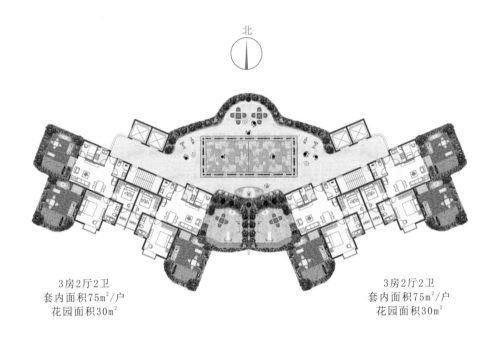

北

3房2厅2卫
套内面积75m²/户
花园面积30m²

3房2厅2卫
套内面积75m²/户
花园面积30m²

每层公共庭院园林 含奇、偶两层共八户 一种户型
3房2厅2卫 套内面积75m² 花园面积30m²

第四代住房的~第二种建筑形式：
空中立体园林住宅 综合楼层平面图

第四代住房的~第二种建筑形式

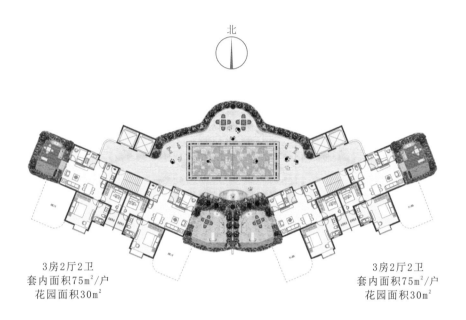

3房2厅2卫
套内面积75m²/户
花园面积30m²

3房2厅2卫
套内面积75m²/户
花园面积30m²

第四代住房的第二种建筑形式
空中立体园林住宅　奇数层平面图

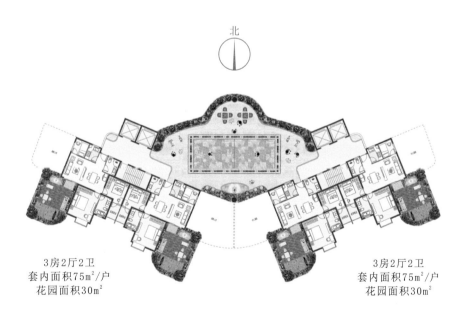

3房2厅2卫
套内面积75m²/户
花园面积30m²

3房2厅2卫
套内面积75m²/户
花园面积30m²

第四代住房的第二种建筑形式
空中立体园林住宅　偶数层平面图

第四代住房的~第二种建筑形式

北

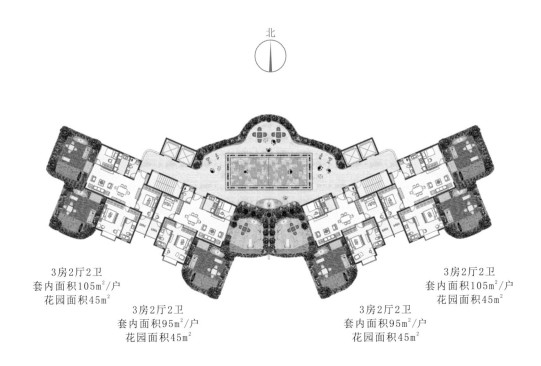

3房2厅2卫
套内面积105m²/户
花园面积45m²

3房2厅2卫
套内面积95m²/户
花园面积45m²

3房2厅2卫
套内面积95m²/户
花园面积45m²

3房2厅2卫
套内面积105m²/户
花园面积45m²

每层公共庭院园林 含奇、偶两层共八户 二种户型
3房2厅2卫 套内面积95m² 花园面积45m²
3房2厅2卫 套内面积105m² 花园面积45m²

第四代住房的~第二种建筑形式：
空中立体园林住宅 综合楼层平面图

90

第四代住房的~第二种建筑形式

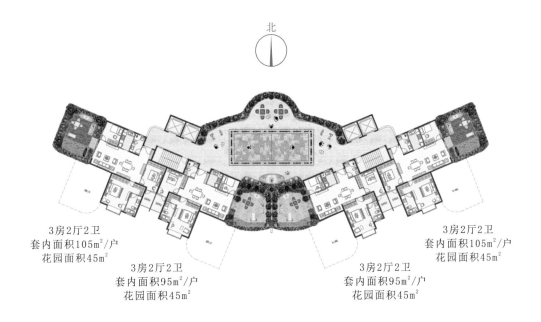

3房2厅2卫
套内面积105m²/户
花园面积45m²

3房2厅2卫
套内面积95m²/户
花园面积45m²

3房2厅2卫
套内面积95m²/户
花园面积45m²

3房2厅2卫
套内面积105m²/户
花园面积45m²

第四代住房的第二种建筑形式
空中立体园林住宅　奇数层平面图

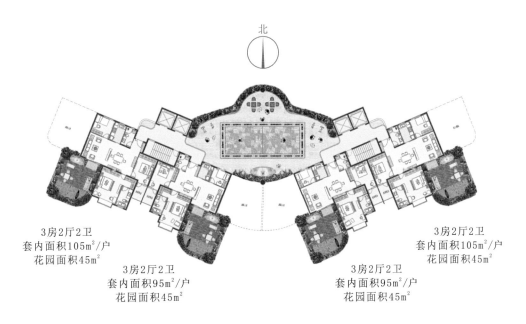

3房2厅2卫
套内面积105m²/户
花园面积45m²

3房2厅2卫
套内面积95m²/户
花园面积45m²

3房2厅2卫
套内面积95m²/户
花园面积45m²

3房2厅2卫
套内面积105m²/户
花园面积45m²

第四代住房的第二种建筑形式
空中立体园林住宅　偶数层平面图

91

第四代住房的~第二种建筑形式

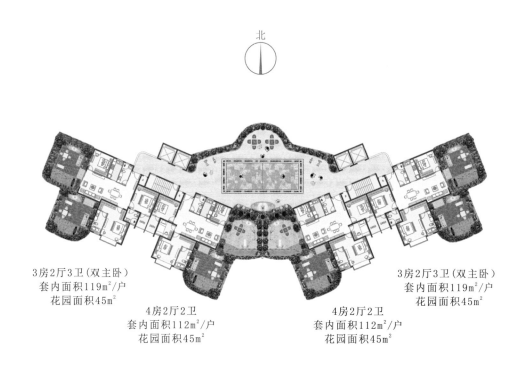

北

3房2厅3卫(双主卧)
套内面积119m²/户
花园面积45m²

4房2厅2卫
套内面积112m²/户
花园面积45m²

4房2厅2卫
套内面积112m²/户
花园面积45m²

3房2厅3卫(双主卧)
套内面积119m²/户
花园面积45m²

每层公共庭院园林 含奇、偶两层共八户 二种户型
4房2厅2卫 套内面积112m² 花园面积45m²
3房2厅3卫(双主卧) 套内面积119m² 花园面积45m²

第四代住房的~第二种建筑形式:
空中立体园林住宅 综合楼层平面图

第四代住房的~第二种建筑形式

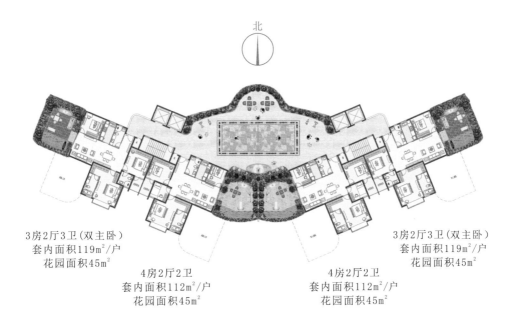

3房2厅3卫(双主卧)
套内面积119m²/户
花园面积45m²

4房2厅2卫
套内面积112m²/户
花园面积45m²

4房2厅2卫
套内面积112m²/户
花园面积45m²

3房2厅3卫(双主卧)
套内面积119m²/户
花园面积45m²

第四代住房的第二种建筑形式
空中立体园林住宅　奇数层平面图

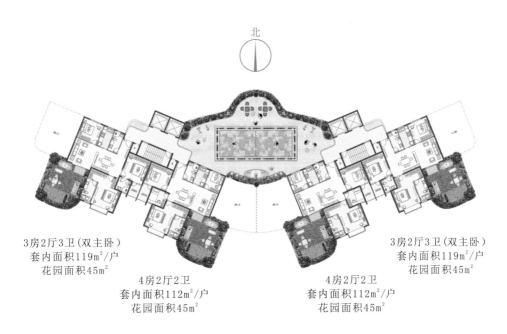

3房2厅3卫(双主卧)
套内面积119m²/户
花园面积45m²

4房2厅2卫
套内面积112m²/户
花园面积45m²

4房2厅2卫
套内面积112m²/户
花园面积45m²

3房2厅3卫(双主卧)
套内面积119m²/户
花园面积45m²

第四代住房的第二种建筑形式
空中立体园林住宅　偶数层平面图

第四代住房的~第二种建筑形式

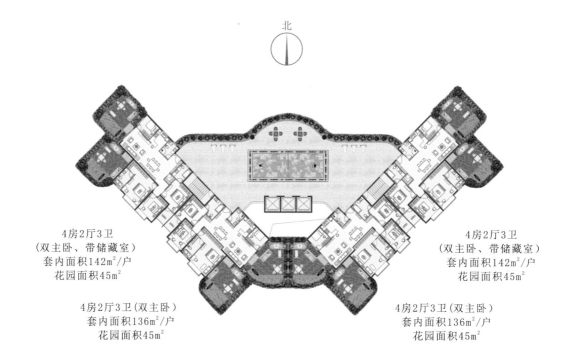

北

4房2厅3卫
（双主卧、带储藏室）
套内面积142m²/户
花园面积45m²

4房2厅3卫
（双主卧、带储藏室）
套内面积142m²/户
花园面积45m²

4房2厅3卫（双主卧）
套内面积136m²/户
花园面积45m²

4房2厅3卫（双主卧）
套内面积136m²/户
花园面积45m²

每层公共庭院园林 含奇、偶两层共八户　二种户型

4房2厅3卫（双主卧）

套内面积136m²/户　花园面积45m²

4房2厅3卫（双主卧、带储藏室）

套内面积142m²/户　花园面积45m²

第四代住房的~第二种建筑形式：

空中立体园林住宅　综合楼层平面图

第四代住房的~第二种建筑形式

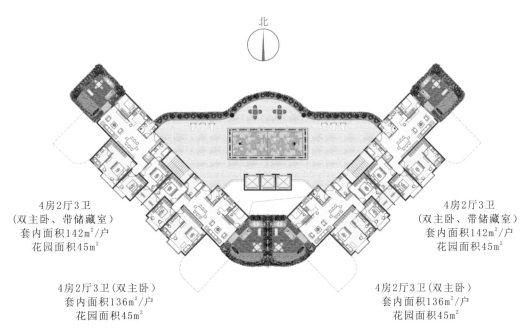

北

4房2厅3卫
（双主卧、带储藏室）
套内面积142m²/户
花园面积45m²

4房2厅3卫
（双主卧、带储藏室）
套内面积142m²/户
花园面积45m²

4房2厅3卫（双主卧）
套内面积136m²/户
花园面积45m²

4房2厅3卫（双主卧）
套内面积136m²/户
花园面积45m²

第四代住房的第二种建筑形式
空中立体园林住宅　奇数层平面图

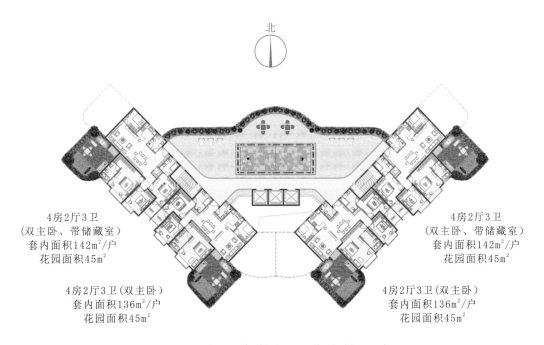

北

4房2厅3卫
（双主卧、带储藏室）
套内面积142m²/户
花园面积45m²

4房2厅3卫
（双主卧、带储藏室）
套内面积142m²/户
花园面积45m²

4房2厅3卫（双主卧）
套内面积136m²/户
花园面积45m²

4房2厅3卫（双主卧）
套内面积136m²/户
花园面积45m²

第四代住房的第二种建筑形式
空中立体园林住宅　偶数层平面图

第四代住房的~第二种建筑形式

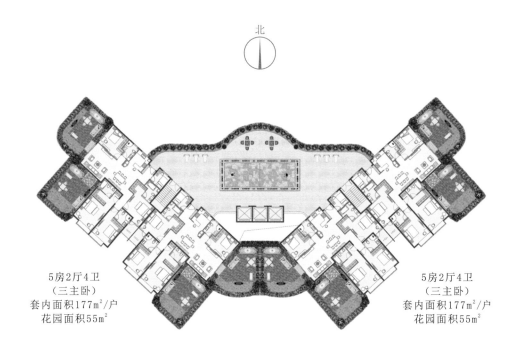

北

5房2厅4卫
（三主卧）
套内面积177m²/户
花园面积55m²

5房2厅4卫
（三主卧）
套内面积177m²/户
花园面积55m²

每层公共庭院园林 含奇、偶两层共八户 一种户型
5房2厅4卫（三主卧）
套内面积177m² 花园面积55m²

第四代住房的~第二种建筑形式：
空中立体园林住宅 综合楼层平面图

第四代住房的~第二种建筑形式

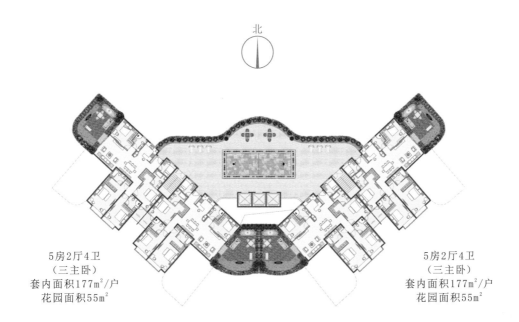

北

5房2厅4卫
（三主卧）
套内面积177m²/户
花园面积55m²

5房2厅4卫
（三主卧）
套内面积177m²/户
花园面积55m²

第四代住房的第二种建筑形式
空中立体园林住宅　奇数层平面图

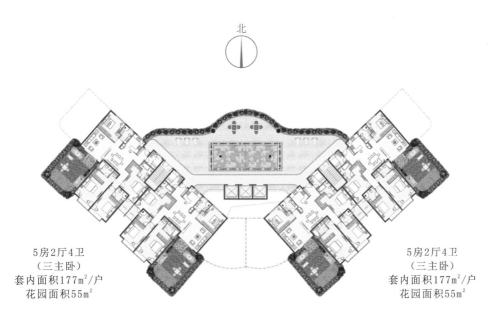

北

5房2厅4卫
（三主卧）
套内面积177m²/户
花园面积55m²

5房2厅4卫
（三主卧）
套内面积177m²/户
花园面积55m²

第四代住房的第二种建筑形式
空中立体园林住宅　偶数层平面图

第四代住房的~第二种建筑形式

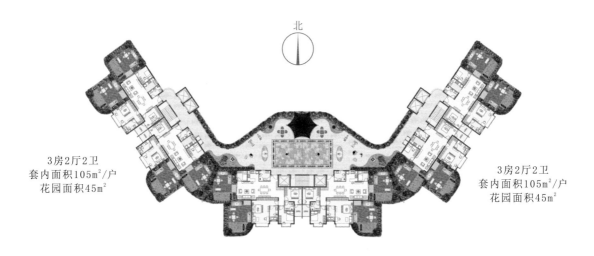

北

3房2厅2卫
套内面积105m²/户
花园面积45m²

3房2厅2卫
套内面积105m²/户
花园面积45m²

4房2厅3卫（双主卧）
套内面积126m²/户　花园面积45m²

每层公共庭院园林 含奇、偶两层共十二户　二种户型
3房2厅2卫　套内面积105m²　花园面积45m²
4房2厅3卫（双主卧）　套内面积126m²　花园面积45m²

第四代住房的~第二种建筑形式：
空中立体园林住宅　综合楼层平面图

第四代住房的~第二种建筑形式

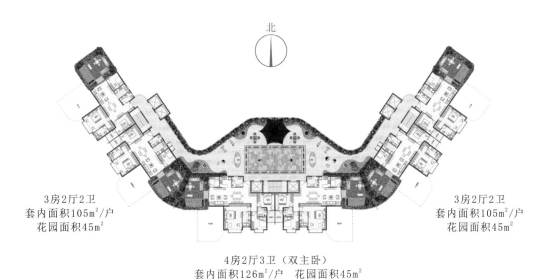

北

3房2厅2卫
套内面积105m²/户
花园面积45m²

3房2厅2卫
套内面积105m²/户
花园面积45m²

4房2厅3卫（双主卧）
套内面积126m²/户　花园面积45m²

第四代住房的第二种建筑形式
空中立体园林住宅　奇数层平面图

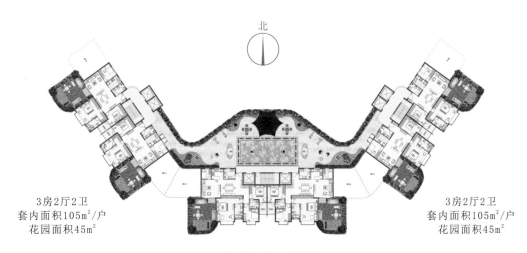

北

3房2厅2卫
套内面积105m²/户
花园面积45m²

3房2厅2卫
套内面积105m²/户
花园面积45m²

4房2厅3卫（双主卧）
套内面积126m²/户　花园面积45m²

第四代住房的第二种建筑形式
空中立体园林住宅　偶数层平面图

第四代住房的~第二种建筑形式

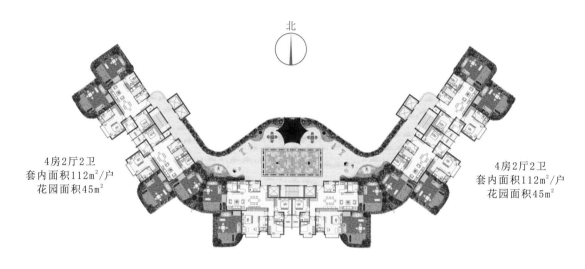

北

4房2厅2卫
套内面积112m²/户
花园面积45m²

4房2厅2卫
套内面积112m²/户
花园面积45m²

4房2厅3卫（双主卧）
套内面积126m²/户
花园面积45m²

每层公共庭院园林 含奇、偶两层共十二户 二种户型
4房2厅2卫 套内面积112m² 花园面积45m²
4房2厅3卫（双主卧） 套内面积126m² 花园面积45m²

第四代住房的~第二种建筑形式：
空中立体园林住宅 综合楼层平面图

第四代住房的~第二种建筑形式

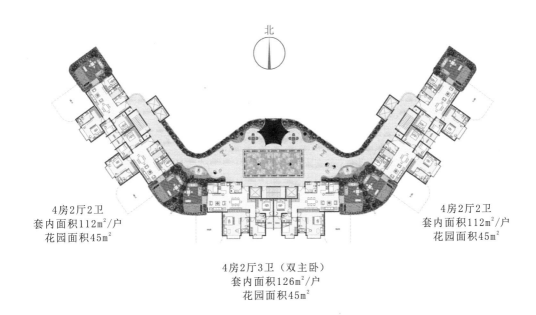

4房2厅2卫
套内面积112m²/户
花园面积45m²

4房2厅2卫
套内面积112m²/户
花园面积45m²

4房2厅3卫（双主卧）
套内面积126m²/户
花园面积45m²

第四代住房的第二种建筑形式
空中立体园林住宅　奇数层平面图

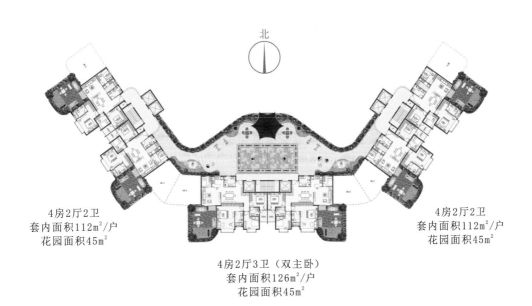

4房2厅2卫
套内面积112m²/户
花园面积45m²

4房2厅2卫
套内面积112m²/户
花园面积45m²

4房2厅3卫（双主卧）
套内面积126m²/户
花园面积45m²

第四代住房的第二种建筑形式
空中立体园林住宅　偶数层平面图

101

第四代住房的~第二种建筑形式

北

3房2厅2卫
套内面积105m²/户
花园面积45m²

4房2厅3卫
（双主卧、带储藏）
套内面积135m²/户
花园面积45m²

4房2厅3卫（双主卧）
套内面积126m²/户　花园面积45m²

每层公共庭院园林 含奇、偶两层共十二户　三种户型

第四代住房的~第二种建筑形式：

空中立体园林住宅　综合楼层平面图

第四代住房的~第二种建筑形式

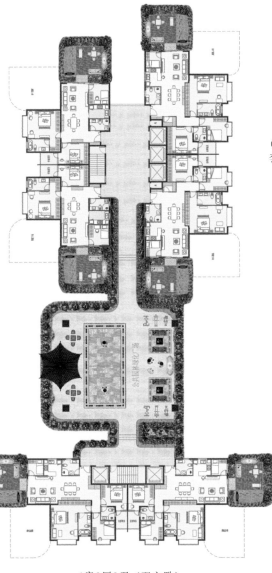

3房2厅2卫
套内面积105m²/户
花园面积45m²

4房2厅3卫
（双主卧、带储藏）
套内面积135m²/户
花园面积45m²

4房2厅3卫（双主卧）
套内面积126m²/户　花园面积45m²

每层公共庭院园林 含奇、偶两层共十二户　三种户型

第四代住房的第二种建筑形式：

空中立体园林住宅　奇数层平面图

第四代住房的~第二种建筑形式

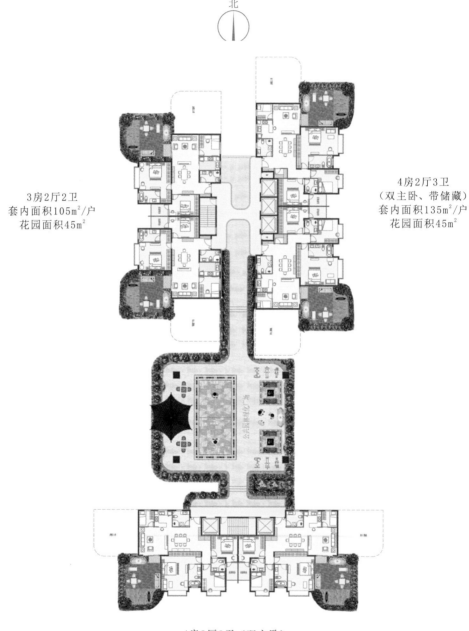

北

3房2厅2卫
套内面积105m²/户
花园面积45m²

4房2厅3卫
（双主卧、带储藏）
套内面积135m²/户
花园面积45m²

4房2厅3卫（双主卧）
套内面积126m²/户　花园面积45m²

每层公共庭院园林 含奇、偶两层共十二户　三种户型

第四代住房的第二种建筑形式：
空中立体园林住宅　偶数层平面图

第四代住房的~第二种建筑形式

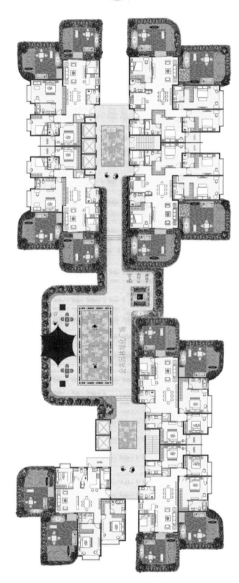

北

4房2厅3卫
（双主卧、带储藏）
套内面积135m²/户
花园面积45m²

5房2厅4卫（三主卧）
套内面积177m²/户
花园面积55m²

4房2厅3卫
（双主卧、带储藏室）
套内面积142m²/户
花园面积45m²

4房2厅3卫（双主卧）
套内面积136m²/户
花园面积45m²

每层公共庭院园林 含奇、偶两层共十四户 四种户型

第四代住房的~第二种建筑形式：

空中立体园林住宅 综合楼层平面图

第四代住房的~第二种建筑形式

北

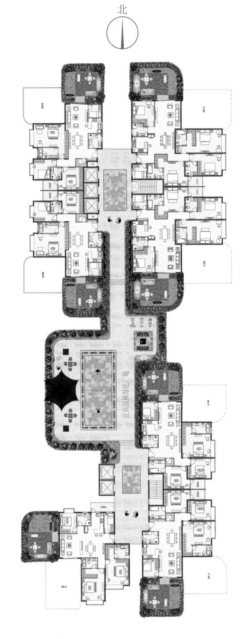

4房2厅3卫
（双主卧、带储藏）
套内面积135m²/户
花园面积45m²

5房2厅4卫（三主卧）
套内面积177m²/户
花园面积55m²

4房2厅3卫
（双主卧、带储藏室）
套内面积142m²/户
花园面积45m²

4房2厅3卫（双主卧）
套内面积136m²/户
花园面积45m²

每层公共庭院园林 含奇、偶两层共十四户 四种户型

第四代住房的第二种建筑形式：
空中立体园林住宅 奇数层平面图

第四代住房的~第二种建筑形式

北

4房2厅3卫
（双主卧、带储藏）
套内面积135m²/户
花园面积45m²

5房2厅4卫（三主卧）
套内面积177m²/户
花园面积55m²

4房2厅3卫
（双主卧、带储藏室）
套内面积142m²/户
花园面积45m²

4房2厅3卫（双主卧）
套内面积136m²/户
花园面积45m²

每层公共庭院园林 含奇、偶两层共十四户 四种户型

第四代住房的第二种建筑形式：

空中立体园林住宅 偶数层平面图

第四代住房的~第二种建筑形式

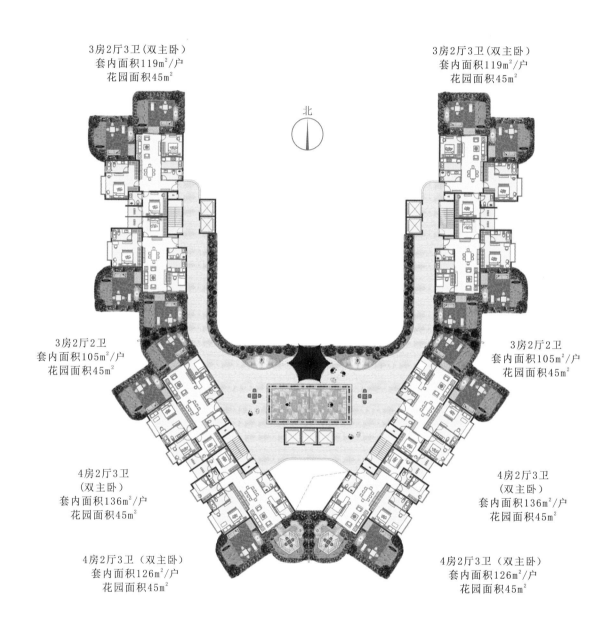

3房2厅3卫（双主卧）
套内面积119m²/户
花园面积45m²

3房2厅3卫（双主卧）
套内面积119m²/户
花园面积45m²

北

3房2厅2卫
套内面积105m²/户
花园面积45m²

3房2厅2卫
套内面积105m²/户
花园面积45m²

4房2厅3卫
（双主卧）
套内面积136m²/户
花园面积45m²

4房2厅3卫
（双主卧）
套内面积136m²/户
花园面积45m²

4房2厅3卫（双主卧）
套内面积126m²/户
花园面积45m²

4房2厅3卫（双主卧）
套内面积126m²/户
花园面积45m²

每层公共庭院园林 含奇、偶两层共十六户　四种户型

第四代住房的~第二种建筑形式：

空中立体园林住宅　综合楼层平面图

第四代住房的~第二种建筑形式

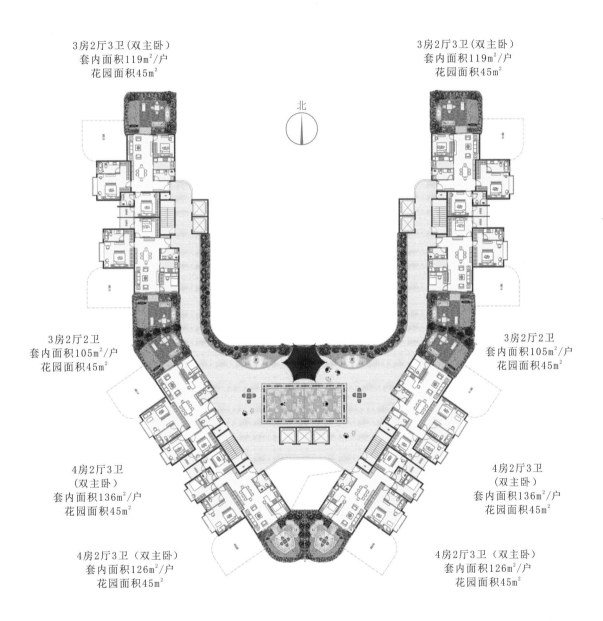

3房2厅3卫(双主卧)
套内面积119m²/户
花园面积45m²

3房2厅3卫(双主卧)
套内面积119m²/户
花园面积45m²

北

3房2厅2卫
套内面积105m²/户
花园面积45m²

3房2厅2卫
套内面积105m²/户
花园面积45m²

4房2厅3卫
(双主卧)
套内面积136m²/户
花园面积45m²

4房2厅3卫
(双主卧)
套内面积136m²/户
花园面积45m²

4房2厅3卫(双主卧)
套内面积126m²/户
花园面积45m²

4房2厅3卫(双主卧)
套内面积126m²/户
花园面积45m²

每层公共庭院园林 含奇、偶两层共十六户 四种户型

第四代住房的第二种建筑形式：
空中立体园林住宅 奇数层平面图

第四代住房的~第二种建筑形式

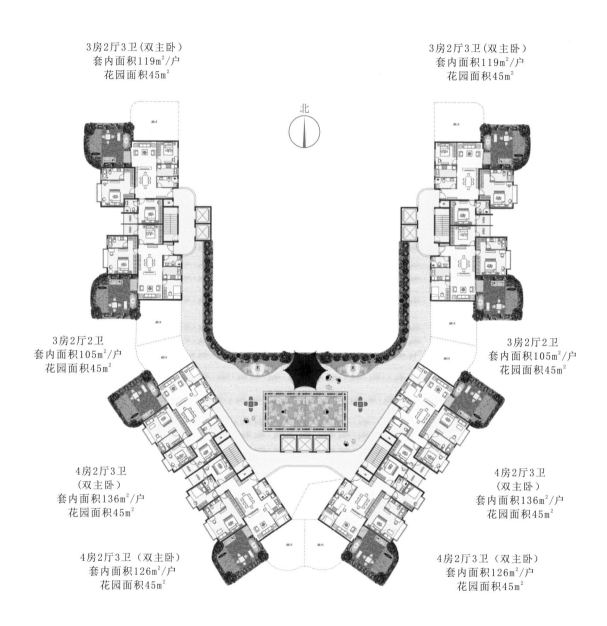

3房2厅3卫（双主卧）
套内面积119m²/户
花园面积45m²

3房2厅3卫（双主卧）
套内面积119m²/户
花园面积45m²

北

3房2厅2卫
套内面积105m²/户
花园面积45m²

3房2厅2卫
套内面积105m²/户
花园面积45m²

4房2厅3卫
（双主卧）
套内面积136m²/户
花园面积45m²

4房2厅3卫
（双主卧）
套内面积136m²/户
花园面积45m²

4房2厅3卫（双主卧）
套内面积126m²/户
花园面积45m²

4房2厅3卫（双主卧）
套内面积126m²/户
花园面积45m²

每层公共庭院园林 含奇、偶两层共十六户　四种户型

第四代住房的第二种建筑形式：
空中立体园林住宅　偶数层平面图

第四代住房的~第二种建筑形式

3房2厅3卫(双主卧)
套内面积119m²/户
花园面积45m²

3房2厅3卫(双主卧)
套内面积119m²/户
花园面积45m²

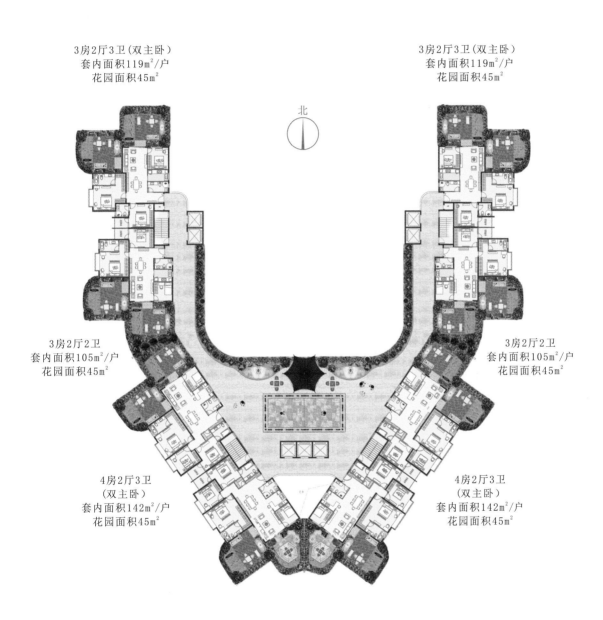

北

3房2厅2卫
套内面积105m²/户
花园面积45m²

3房2厅2卫
套内面积105m²/户
花园面积45m²

4房2厅3卫
(双主卧)
套内面积142m²/户
花园面积45m²

4房2厅3卫
(双主卧)
套内面积142m²/户
花园面积45m²

每层公共庭院园林 含奇、偶两层共十六户 三种户型

第四代住房的第二种建筑形式：
空中立体园林住宅 综合楼层平面图

第四代住房的~第二种建筑形式

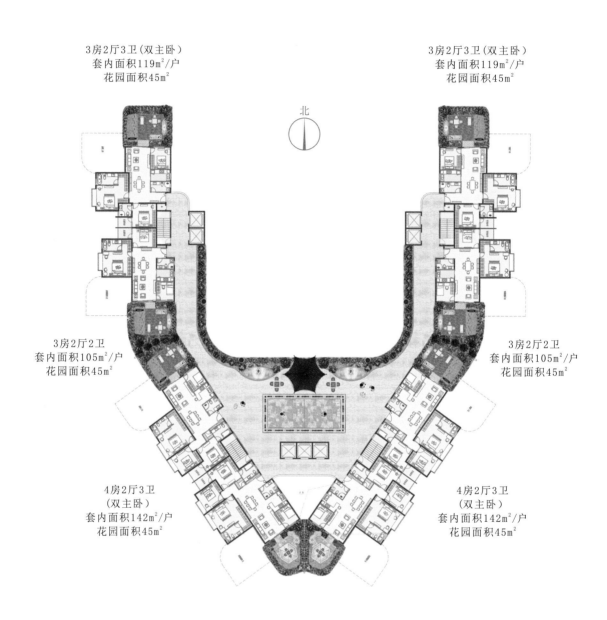

3房2厅3卫（双主卧）
套内面积119m²/户
花园面积45m²

3房2厅3卫（双主卧）
套内面积119m²/户
花园面积45m²

北

3房2厅2卫
套内面积105m²/户
花园面积45m²

3房2厅2卫
套内面积105m²/户
花园面积45m²

4房2厅3卫
（双主卧）
套内面积142m²/户
花园面积45m²

4房2厅3卫
（双主卧）
套内面积142m²/户
花园面积45m²

每层公共庭院园林 含奇、偶两层共十六户 三种户型

第四代住房的第二种建筑形式：
空中立体园林住宅 偶数层平面图

第四代住房的~第二种建筑形式

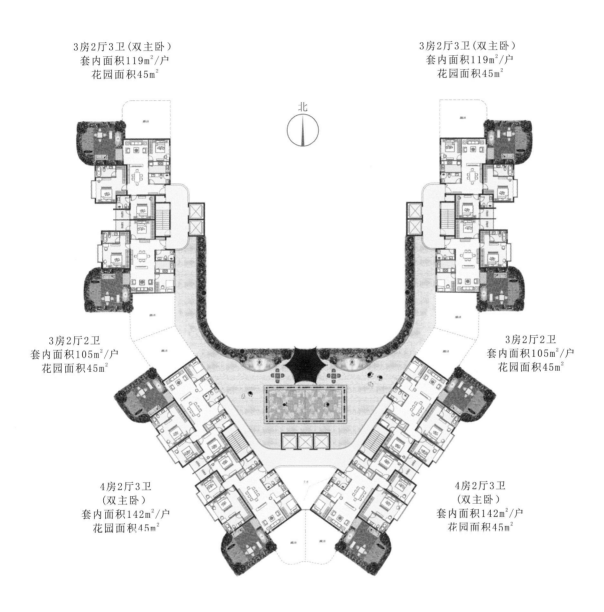

3房2厅3卫（双主卧）
套内面积119m²/户
花园面积45m²

3房2厅3卫（双主卧）
套内面积119m²/户
花园面积45m²

北

3房2厅2卫
套内面积105m²/户
花园面积45m²

3房2厅2卫
套内面积105m²/户
花园面积45m²

4房2厅3卫
（双主卧）
套内面积142m²/户
花园面积45m²

4房2厅3卫
（双主卧）
套内面积142m²/户
花园面积45m²

每层公共庭院园林 含奇、偶两层共十六户 三种户型

第四代住房的第二种建筑形式：
空中立体园林住宅 偶数层平面图

第四代住房的~第二种建筑形式

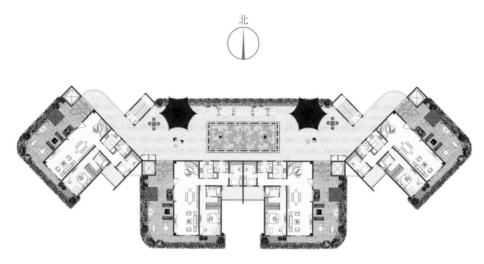

5房5厅5卫（4主卧）
套内面积296m² 花园面积90m²
空中别墅下层

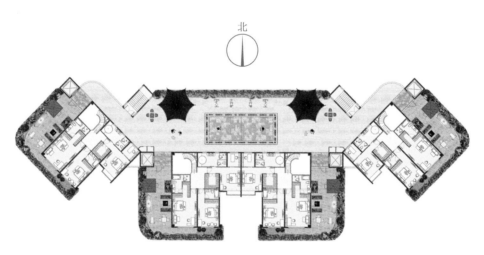

5房5厅5卫（4主卧）
套内面积296m² 花园面积90m²
空中别墅上层

第四代住房的~第二种建筑形式：
空中立体园林住宅 空中别墅平面图

114

第四代住房的~第二种建筑形式

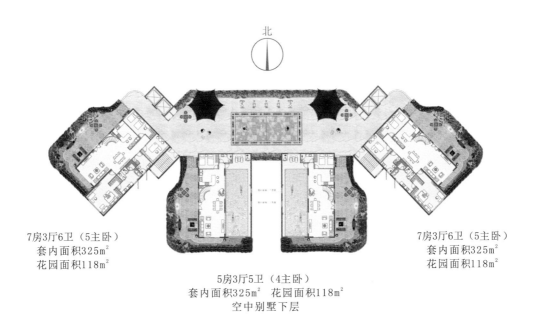

北

7房3厅6卫（5主卧）
套内面积325m²
花园面积118m²

7房3厅6卫（5主卧）
套内面积325m²
花园面积118m²

5房3厅5卫（4主卧）
套内面积325m² 花园面积118m²
空中别墅下层

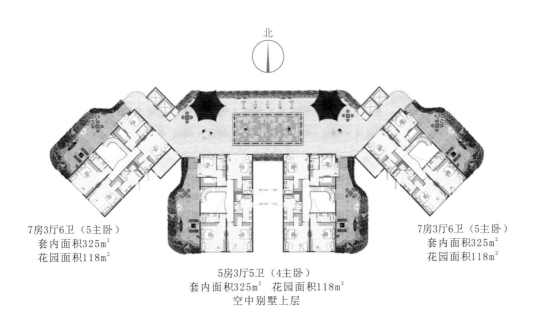

北

7房3厅6卫（5主卧）
套内面积325m²
花园面积118m²

7房3厅6卫（5主卧）
套内面积325m²
花园面积118m²

5房3厅5卫（4主卧）
套内面积325m² 花园面积118m²
空中别墅上层

第四代住房的~第二种建筑形式：
空中立体园林住宅　空中别墅平面图

115

第四代住房的~第二种建筑形式：

北

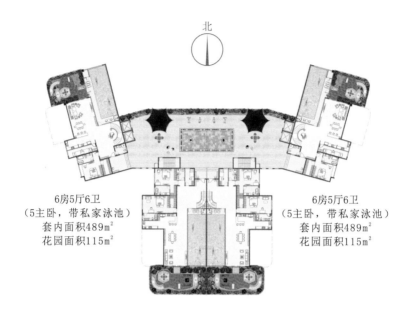

6房5厅6卫
（5主卧，带私家泳池）
套内面积489m²
花园面积115m²

6房5厅6卫
（5主卧，带私家泳池）
套内面积489m²
花园面积115m²

6房5厅6卫（5主卧，带私家泳池）
套内面积558m²　花园面积140m²
空中别墅下层

北

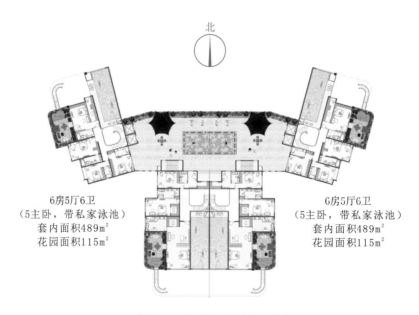

6房5厅6卫
（5主卧，带私家泳池）
套内面积489m²
花园面积115m²

6房5厅6卫
（5主卧，带私家泳池）
套内面积489m²
花园面积115m²

6房5厅6卫（5主卧，带私家泳池）
套内面积558m²　花园面积140m²
空中别墅上层

第四代住房的~第二种建筑形式：

空中立体园林住宅　空中别墅平面图

第四代住房的~第二种建筑形式：

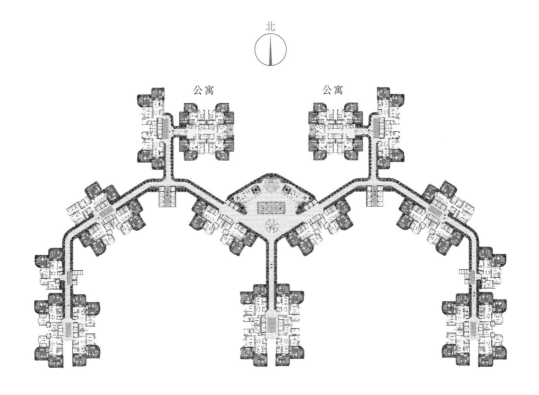

A 户型 4房2厅3卫（双主卧）套内面积126m² 花园面积45m²

G 户型 4房2厅3卫（双主卧）套内面积163m² 花园面积48m²

H 户型 4房2厅3卫（双主卧、带储藏室）套内面积139m² 花园面积45m²

B 户型 3房2厅3卫（双主卧）套内面积119m² 花园面积45m²

C 户型 3房2厅2卫 套内面积105m² 花园面积45m²

D 户型 4房2厅2卫 套内面积112m² 花园面积45m²

E 户型 4房2厅3卫（双主卧、带储藏室）套内面积135m² 花园面积45m²

F 户型 4房2厅3卫（双主卧、带储藏室）套内面积142m² 花园面积45m²

　　说明：一座天空之城占地约100亩，每层园林街巷含两层房屋，每两层共有住宅56户，公寓22户，共计78户，每两层房屋面积约10000m²，园林街巷面积约3000m²，每层均设有服务中心或商店；顶层设置为"天街"，即商业街（含商业、餐饮、医疗、酒吧、休闲、娱乐等几十家门店，共约8000m²）！

　　一栋100层，高度318米的天空之城，则有住户3900户，房屋建筑面积约50万m²，绿化植树园林面积约18万m²（绿化率为占地面积的300%），可居住一万五千人，可大量节约土地，是人口稠密、土地稀缺的大中城市（如北京、上海、香港、东京、纽约等城市）的最好建筑，最佳选择。

天空之城~空中立体园林住宅　园林街巷下层平面图
（立面效果见178页-179页）

第四代住房的~第二种建筑形式

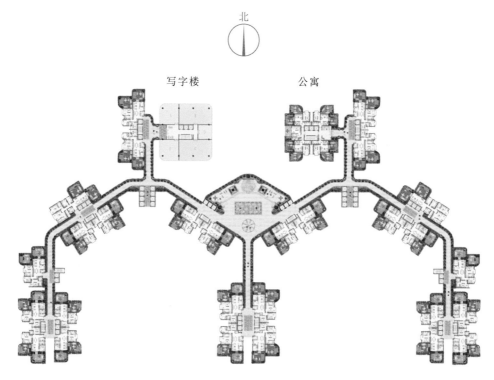

A 户型 4房2厅3卫（双主卧）套内面积126m² 花园面积45m²

G 户型 4房2厅3卫（双主卧）套内面积163m² 花园面积48m²

H 户型 4房2厅3卫（双主卧、带储藏室）套内面积139m² 花园面积45m²

B 户型 3房2厅3卫（双主卧）套内面积119m² 花园面积45m²

C 户型 3房2厅2卫 套内面积105m² 花园面积45m²

D 户型 4房2厅2卫 套内面积112m² 花园面积45m²

E 户型 4房2厅3卫（双主卧、带储藏室）套内面积135m² 花园面积45m²

F 户型 4房2厅3卫（双主卧、带储藏室）套内面积142m² 花园面积45m²

　　说明：一座天空之城占地约100亩，每层园林街巷含两层房屋，每两层房屋面积约10000m²，园林街巷面积3000m²，每层均设有服务中心或商店；顶层设置为"天街"，即商业街（含商业、餐饮、医疗、酒吧、休闲、娱乐等几十家门店，共约8000m²）！

　　一栋100层、高度318米的天空之城，共有住户3900户，房屋建筑面积约50万m²，绿化植树园林面积约18万m²（绿化率为占地面积的300%），可居住一万五千人，可大量节约土地，是人口稠密、土地稀缺的大中城市（如北京、上海、香港、东京、纽约等城市）的最好建筑，最佳选择。

　　"商住一体化办公大楼"将是未来居住和办公的一种趋势！因为，将居住与办公融合到一起，这更方便了人们生活、工作及学习，即不用上下楼就可以完成上班、居住和下班的转换，可大大减少城市交通压力，大大省去上下班时间，提高效力及生活品质。

天空之城～空中立体园林住宅 （商住一体）园林街巷下层平面图

第四代住房的~第二种建筑形式

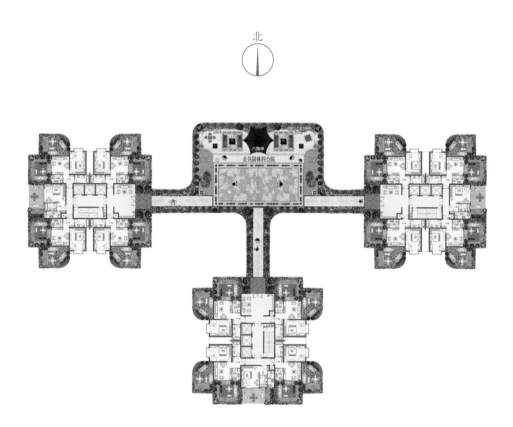

一层园林街巷：设置有公寓33户，户型面积有48㎡的单间公寓，也有78㎡的套房公寓，每户公寓均有一座30㎡左右的私家花园庭院，每上下两层的33户公寓均共有 座700多平米的空中公共园林，这样可使老人都有一个共同游玩、休闲、交流的活动空间，使老人们相互都有照应，使老人不再孤独，可实现互助养老！如建16层园林街巷（高度100米），则共有康养公寓528户，可居住1000多人，但占地仅15～20亩，可使土地增值3倍以上。

康养公寓　空中立体园林住宅　综合平面图

第四代住房的~第二种建筑形式

北

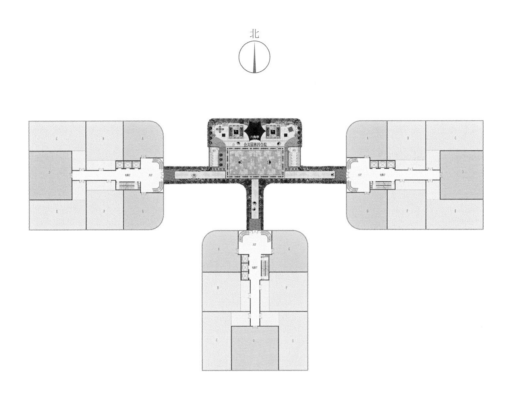

　　一层平面，可设置办公单位42户，如建16层园林平面（高度100米），则则共有房屋672户，建筑面积约为10万平方米，占地仅40～60亩，可使土地增值5倍，可居住三、五千

写字楼办公建筑　空中立体园林住宅　下层平面图

八、第三种建筑形式：空中庭院住宅
建筑单元房屋与电梯厅的彩色平面组合示意图

说明：

  以下"空中庭院住宅"的平面布局，其电梯厅及楼道虽然与传统建筑相同，但每家每户的客厅外都有了一座二层楼高又三面环景的私家花园庭院，这使得"空中庭院住宅"与传统建筑有着截然不同的巨大优势！

  因布局更为合理，并使公摊最低至14%，使产品更具有竞争力。

第四代住房的~第三种建筑形式

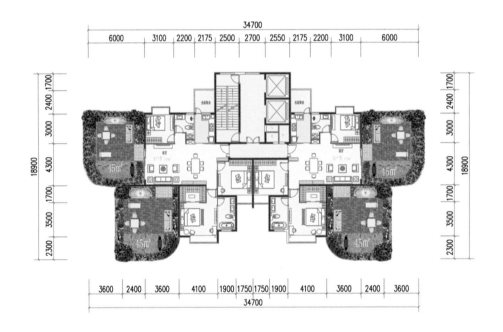

综合楼层平面图 含奇、偶两层共四户 二种户型

A户型　3房2厅2卫　建筑面积139m²

套内面积107m²　花园面积45m²

B户型　3房2厅2卫　建筑面积137m²

套内面积105m²　花园面积45m²

公摊率23.2%

第四代住房的~第三种建筑形式:

空中庭院住宅　综合楼层平面图

第四代住房的~第三种建筑形式

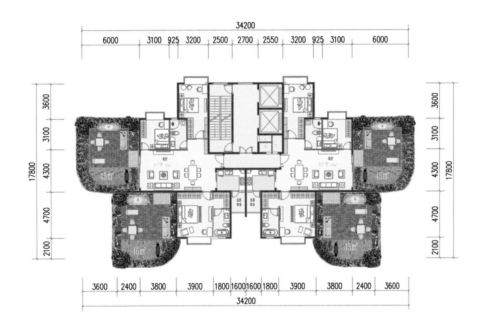

综合楼层平面图 含奇、偶两层共四户 二种户型

A户型　3房2厅2卫 建筑面积142m²

套内面积110m²　花园面积45m²

B户型　3房2厅2卫 建筑面积140m²

套内面积108m²　花园面积45m²

公摊率22.7%

第四代住房的~第三种建筑形式：

空中庭院住宅　综合楼层平面图

第四代住房的~第三种建筑形式

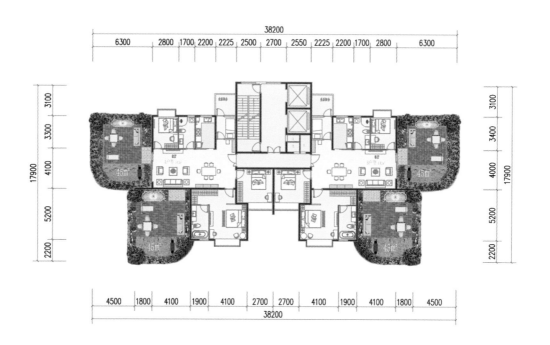

综合楼层平面图 含奇、偶两层共四户 二种户型

A/B户型　4房2厅2卫 建筑面积150m²

套内面积117m²　花园面积45m²

公摊率22%

第四代住房的~第三种建筑形式：

空中庭院住宅　综合楼层平面图

124

第四代住房的~第三种建筑形式

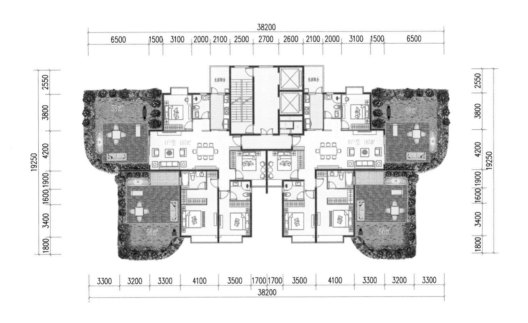

综合楼层平面图 含奇、偶两层共四户 二种户型

A/B户型 4房2厅3卫（双主卧） 建筑面积165m²

套内面积133m² 花园面积58m²

公摊率22%

第四代住房的~第三种建筑形式：

空中庭院住宅 综合楼层平面图

第四代住房的~第三种建筑形式（大花园）

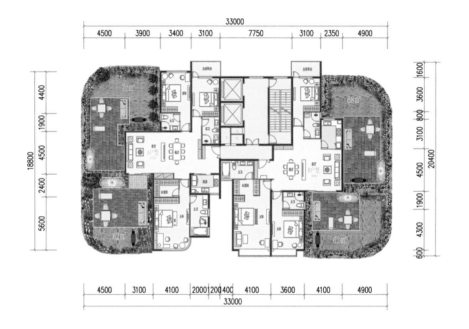

综合楼层平面图 含奇、偶两层共四户

A户型 3房2厅3卫（双主卧） 建筑面积168㎡

套内面积136㎡ 花园面积62㎡,偶数层花园面积68㎡

B户型 3房2厅3卫（双主卧） 建筑面积173㎡

套内面积140㎡ 花园面积62㎡,偶数层花园面积72㎡

公摊率18.9%

第四代住房的~第三种建筑形式：

空中庭院住宅 综合楼层平面图

第四代住房的~第三种建筑形式（大花园）

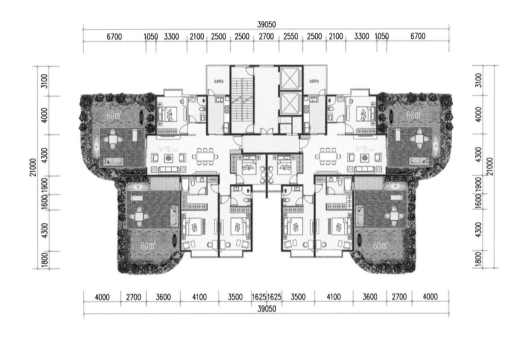

综合楼层平面图 含奇、偶两层共四户

A户型　4房2厅3卫（双主卧）　建筑面积185㎡

套内面积152㎡　花园面积60㎡

B户型　4房2厅3卫（双主卧）　建筑面积183㎡

套内面积150㎡　花园面积60㎡

公摊率18%

第四代住房的~第三种建筑形式：

空中庭院住宅　综合楼层平面图

第四代住房的~第三种建筑形式（大花园）

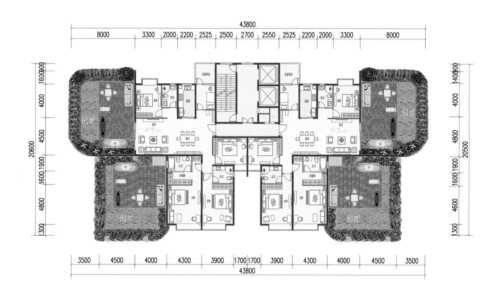

综合楼层平面图 含奇、偶两层共四户

A/B户型 4房2厅3卫（双主卧） 建筑面积207m²

套内面积173m² 花园面积81m²

公摊率16.5%

第四代住房的~第三种建筑形式：

空中庭院住宅 综合楼层平面图

第四代住房的~第三种建筑形式（**大花园**）

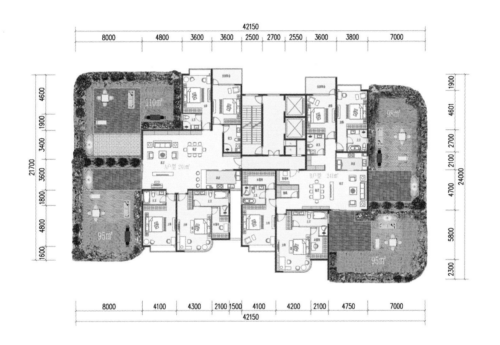

综合楼层平面图 含奇、偶两层共四户

A/D户型　4房3厅4卫（二主卧）　建筑面积241m²

套内面积207m²　花园面积95m²

公摊率14.1%

第四代住房的~第三种建筑形式：

空中庭院住宅　综合楼层平面图

第四代住房的~第三种建筑形式

版式结构，南北通透户型

    本设计图共有4个房型8种户型，经过多年的不断积累、调整、修改，均为"南北通透"最佳格局，即每户都有朝正南和朝正北的主要房间，新风即可从正南或正北向南或向北流动，却又巧妙地避开了"穿堂风"这一凶煞禁忌（穿堂风：主要是指南风或北风只从客厅直穿而过，没有拐弯的房间作为缓冲）！并且，每户住房还都有一座全部挑高两层的40㎡以上的私家花园庭院，8种户型共有8座，却没有一座是朝向北面的，这是一个非常了不起的成就（创新即如同魔术，当知道结果后，又会觉得简单了）！

    同时，还完美的解决了"黑窗户、黑房子、私密性、安全性"等任何大小缺陷问题，所有主要房间都可直接采光，实为难得的上之上品。

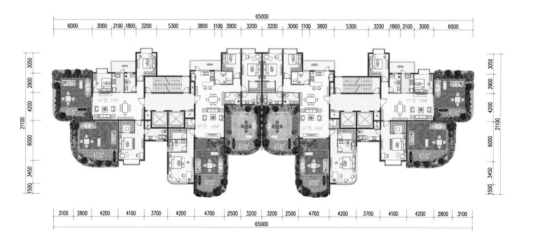

综合楼层平面图 含奇、偶两层共八户　二种户型

A/D型　3房2厅3卫　建筑面积139m²

套内面积111m²　花园面积45m²

B/C型　4房2厅3卫（双主卧）　建筑面积169m²

套内面积141m²　花园面积40m²

公摊率18.2%

第四代住房的~第三种建筑形式：

空中庭院住宅　综合楼层平面图

第四代住房的~第三种建筑形式

版式结构，南北通透户型

　　本设计图共有4个房型8种户型，经过多年的不断积累、调整、修改，均为"南北通透"最佳格局，即每户都有朝正南和朝正北的主要房间，新风即可从正南或正北向南或向北流动，却又巧妙地避开了"穿堂风"这一凶煞禁忌（穿堂风：主要是指南风或北风只从客厅直穿而过，没有拐弯的房间作为缓冲）！并且，每户住房还都有一座全部挑高两层的40㎡以上的私家花园庭院，8种户型共有8座，却没有一座是朝向北面的，这是一个非常了不起的成就（创新即如同魔术，当知道结果后，又会觉得简单了）！

　　同时，还完美的解决了"黑窗户、黑房子、私密性、安全性"等任何大小缺陷问题，所有主要房间都可直接采光，实为难得的上之上品。

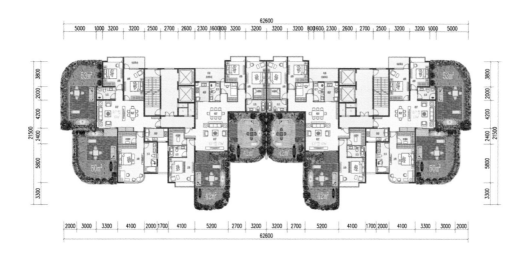

综合楼层平面图　含奇、偶两层共八户　二种户型

A/D户型　3房2厅2卫 建筑面积158m²

套内面积128m²　花园面积50m²

B/C型　4房2厅3卫（双主卧）　建筑面积179m²

套内面积145m²　花园面积42m²

公摊率19%

第四代住房的~第三种建筑形式：

空中庭院住宅　综合楼层平面图

第四代住房的~第三种建筑形式

版式结构，南北通透户型

　　本设计图共有4个房型8种户型，经过多年的不断积累、调整、修改，均为"南北通透"最佳格局，即每户都有朝正南和朝正北的主要房间，新风即可从正南或正北向南或向北流动，却又巧妙地避开了"穿堂风"这一凶煞禁忌（穿堂风：主要是指南风或北风只从客厅直穿而过，没有拐弯的房间作为缓冲）！并且，每户住房还都有一座全部挑高两层的40㎡以上的私家花园庭院，8种户型共有8座，却没有一座是朝向北面的，这是一个非常了不起的成就（创新即如同魔术，当知道结果后，又会觉得简单了）！

　　同时，还完美的解决了"黑窗户、黑房子、私密性、安全性"等任何大小缺陷问题，所有主要房间都可直接采光，实为难得的上之上品。

综合楼层平面图 含奇、偶两层共八户　二种户型

A/D型　3房2厅3卫（双主卧）　建筑面积206m²

套内面积169m²　花园面积80m²

B/C型　4房2厅3卫（双主卧）　建筑面积171m²

套内面积140m²　花园面积42m²

公摊率18.1%

第四代住房的~第三种建筑形式：

空中庭院住宅　综合楼层平面图

第四代住房的~第三种建筑形式

北

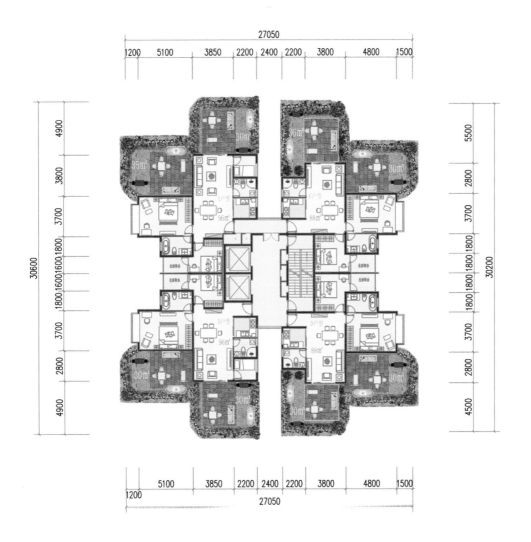

A户型　2房2厅2卫　建筑面积88m² 套内面积73m² 花园面积36m²

B户型　3房2厅2卫　建筑面积96m² 套内面积79m² 花园面积30m²

公摊率17.1%

第四代住房的~第三种建筑形式：
空中庭院住宅　综合楼层平面图

第四代住房的~第三种建筑形式

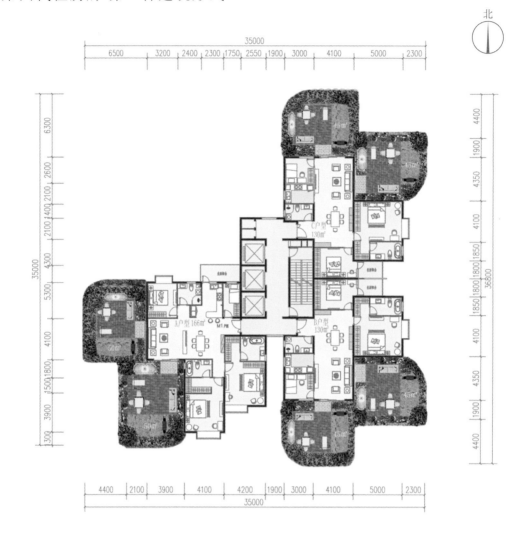

综合楼层平面图 含奇、偶两层共六户 二种户型

A户型 4房2厅3卫（双主卧） 建筑面积166m²

套内面积135m² 花园面积50m²

B/C户型 3房2厅2卫 建筑面积130m²

套内面积106m² 花园面积45m²

公摊率18.5%

第四代住房的~第三种建筑形式：

空中庭院住宅 综合楼层平面图

第四代住房的~第三种建筑形式

北

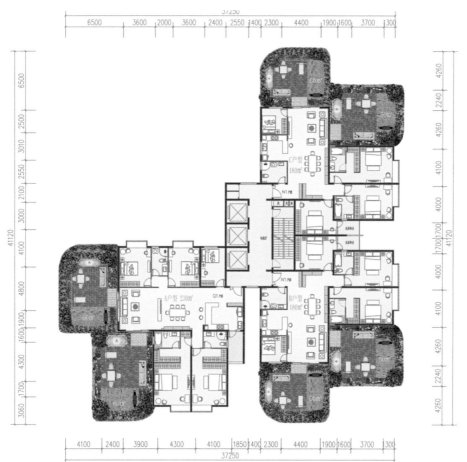

综合楼层平面图 含奇、偶两层共六户 二种户型

A户型 5房2厅3卫（双主卧） 建筑面积230m²

套内面积200m² 花园面积60m²

B/C户型 4房2厅3卫（双主卧） 建筑面积180m²

套内面积156m² 花园面积50m²

公摊率13.2%

第四代住房的~第三种建筑形式：

空中庭院住宅 综合楼层平面图

第四代住房的~第三种建筑形式

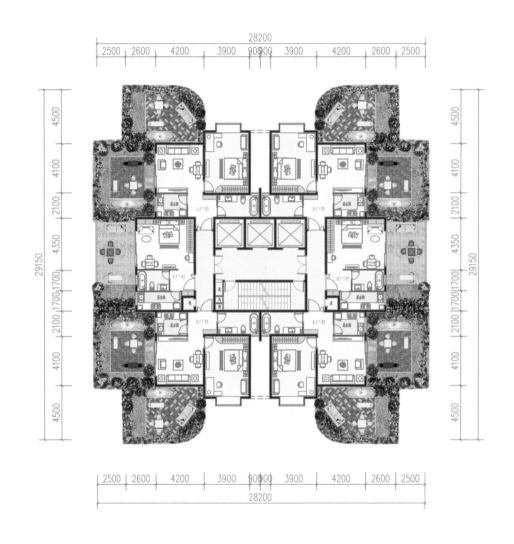

A　套一　建筑面积76.9m²/户　套内面积60.8m²/户　花园面积33m²/户
B　套一　建筑面积76.9m²/户　套内面积60.8m²/户　花园面积33m²/户
C　单间　建筑面积48m²/户　　套内面积38m²/户　　花园面积26m²/户
D　单间　建筑面积48m²/户　　套内面积38m²/户　　花园面积26m²/户
E　套一　建筑面积76.9m²/户　套内面积60.8m²/户　花园面积33m²/户
F　套一　建筑面积76.9m²/户　套内面积60.8m²/户　花园面积33m²/户

公摊率 21%

空中庭院住宅（康养公寓）　一层六户平面图　综合楼层平面图

第四代住房的~第三种建筑形式

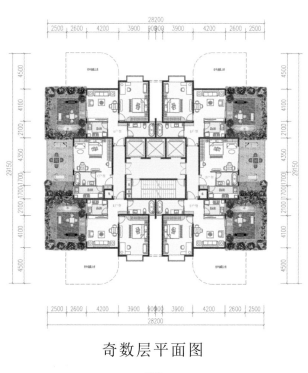

奇数层平面图

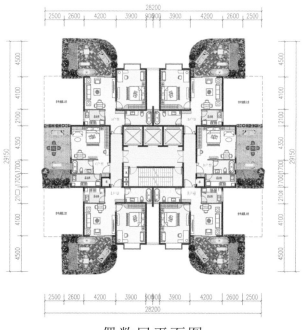

偶数层平面图

空中庭院住宅（康养公寓） 一层六户奇偶层平面图

第四代住房的~第三种建筑形式

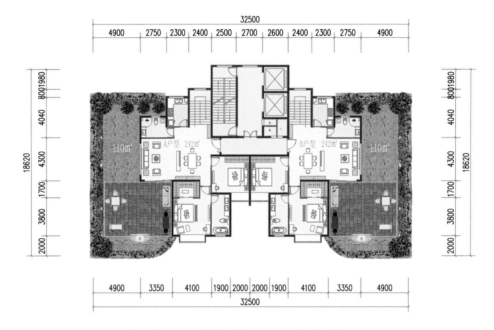

4房3厅3卫　建筑面积242m²　套内面积178m²
花园面积110m²　单层阳台15m²　公摊率26.5%

空中花园住宅　跃层下层

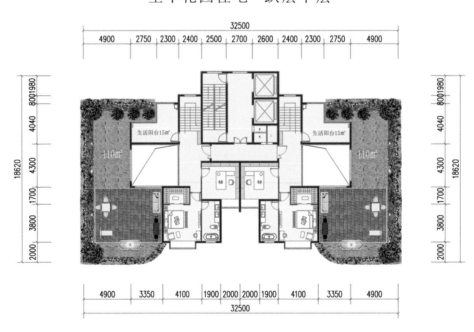

4房3厅3卫　建筑面积242m²　套内面积178m²
花园面积110m²　单层阳台15m²　公摊率26.5%

空中庭院住宅　跃层上层

138

第四代住房的~第三种建筑形式

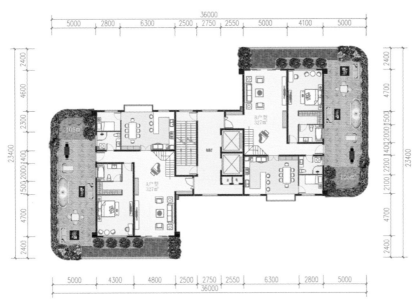

5房5厅5卫（4主卧）　建筑面积327m²
花园面积105m²　公摊率19%

空中花园住宅　跃层下层

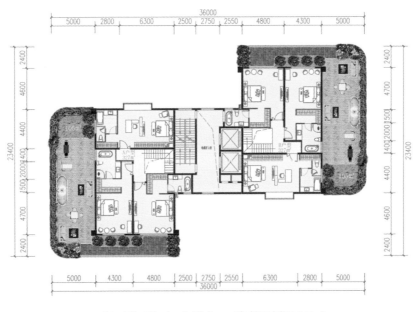

5房5厅5卫（4主卧）　建筑面积327m²
花园面积105m²　公摊率19%

空中庭院住宅　跃层上层

第四代住房的~第三种建筑形式

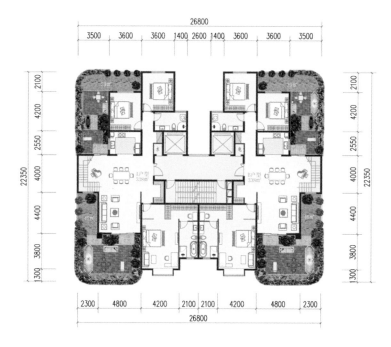

5房3厅4卫（3主卧）　建筑面积338m²　双花园面积85m²

空中庭院住宅　跃层下层

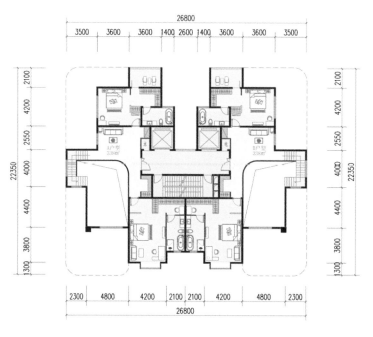

5房3厅4卫（3主卧）　建筑面积338m²　双花园面积85m²

空中庭院住宅　跃层上层

第四代住房的~第三种建筑形式

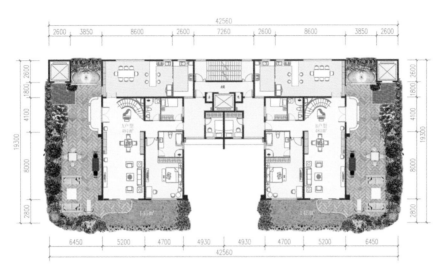

6房5厅5卫（4主卧，带私家泳池）　建筑面积481m²　花园面积145m²

公摊率12%

空中庭院住宅　跃层下层

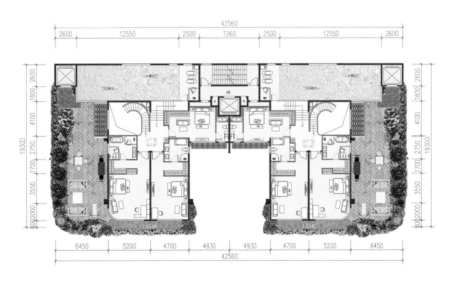

6房5厅5卫（4主卧，带私家泳池）　建筑面积481m²　花园面积145m²

公摊率12%

空中庭院住宅　跃层上层

第四代住房的~第三种建筑形式

7房4厅6卫（5主卧,带私家泳池） 套内面积556m²
双花园面积105m² 游泳池面积65m²
7房4厅6卫（5主卧,带私家泳池） 套内面积569m²
双花园面积105m² 游泳池面积65m²

空中庭院住宅 跃层下层

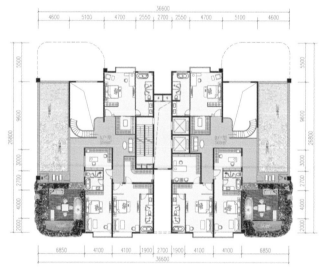

7房4厅6卫（5主卧,带私家泳池） 套内面积556m²
双花园面积105m² 游泳池面积65m²
7房4厅6卫（5主卧,带私家泳池） 套内面积569m²
双花园面积105m² 游泳池面积65m²

空中庭院住宅 跃层上层

第四代住房的~第三种建筑形式

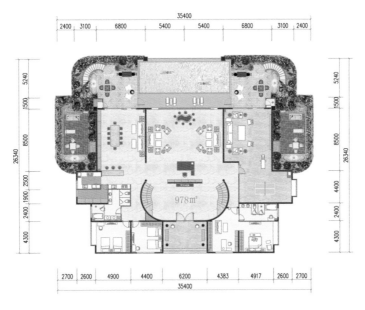

9房6厅7卫（6主卧,带私家泳池） 套内面积978m²
双花园面积245m²

空中庭院住宅 独栋别墅下层

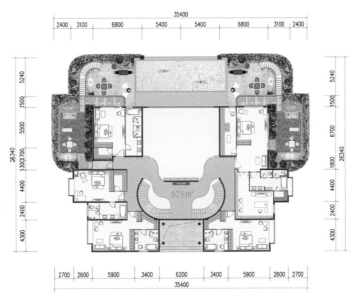

9房6厅7卫（6主卧,带私家泳池） 套内面积978m²
双花园面积245m²

空中庭院住宅 独栋别墅上层

特别说明：

1、上述版式楼设计方案，是在经过很多年不断积累、调整、修改，现在才能完美呈现出来！它们均为"南北通透"最佳格局，即每户都有朝正南和朝正北的主要房间，新风即可从正南或正北向南或向北流动，却又巧妙地避开了"穿堂风"这一凶煞禁忌（穿堂风：主要是指南风或北风只从客厅直穿而过，没有拐弯的房间作为缓冲）！并且，每户住房还都有一座全部挑高两层的40㎡以上的私家花园庭院，特别是一层4户的版式楼，共有8座私家花园，却没有一座是朝向北面的，这更是一个非常了不起的成就（创新即如同魔术，当知道看到结果后，又会觉得简单了）！

同时，本设计方案还全部完美的解决了"黑窗户、黑房子、无私密性、无安全性"等任何大小缺陷问题（即全部私家花园庭院所对应的上一层楼外墙面，除个别花园上有卫生间外，其它都没有开任何一扇窗户，所有卧室都可直接对外采光，并就连电梯厅及楼梯间全都可以直接采光！同时，所有卧室，也更不会被任何家人或邻居们从任何地方看到）！这，实为难得的上之上品。

2、本设计采用了"双电梯厅"，是为了使住户能更快捷地上下楼！

因为，近些年来所设计的"一梯一户"单电梯厅已表现出了许多弊端：如无论住户上楼或下楼，单电梯都需等待较长时间，一般是双电梯的三倍，如再遇到早高峰或有人搬运物品时，等待电梯的时间会更长；并，单电梯厅还会占用和浪费更多公用面积，徒增许多公摊成本，也会减少住户几平米的实得使用面积；还有，单电梯厅大多为无窗无通风的黑暗厅，本设计的双电梯厅则全为开窗通风的明亮厅！

同时，单电梯厅也并不会带来任何所谓的私密性（因为，单电梯也会串起十几、二十几层楼的邻居住户，邻居们仍会在这部电梯里照面相遇或在门厅里相遇）！故此，经多年实践验证，设置一梯一户，只是个噱头而已！纯属"无得多失"。

关于模仿修改后变成

"一梯一户单电梯厅"及其缺陷解读:

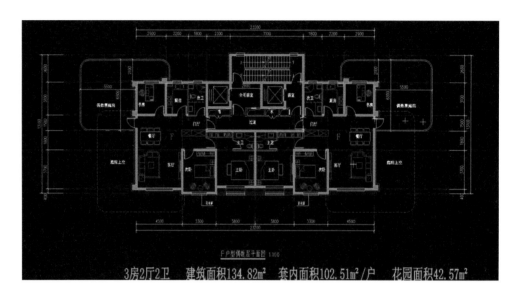

3房2厅2卫　建筑面积134.82m²　套内面积102.51m²/户　花园面积42.57m²

一梯一户单电梯厅及其缺陷解读

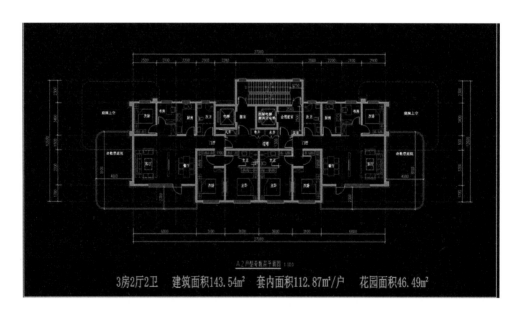

3房2厅2卫　建筑面积143.54m²　套内面积112.87m²/户　花园面积46.49m²

一梯一户单电梯厅及其缺陷解读

以上两张图片是一家设计院模仿、修改"正宗第四代住房"后变成"一梯一户"的图片！虽然仍属于第四代住房的知识产权（包括侵犯著作版权），仍然需要得到知识产权方的授权才可以实施，但他们因为无知，或为了显摆自己能修改别人作品的"能力"，却出现了如下4个重大缺陷：

1、电梯厅变成了无自然采光和通风的黑暗厅，使住户一出电梯或一出住户门，不如自然采光及开窗通风的电梯厅舒适了。

2、将私家花园都设计成了不规则的异形，这会大大降低整体效果！同时，奇数层与偶数层还有重叠，这是一个最大的败笔，这将使奇、偶层邻居的私家花园都能相互对看，从而没有了任何私密性和安全性！

3、主卧室的卫生间也成为了无自然采光和通风的黑卫生间，会使主卧室空气长年污浊（虽然有通风管道，但与开窗自然通风仍然无法相提并论），这是一个重大的设计缺陷。

4、奇数层和偶数层两个私家花园里面的客厅，虽然均向南边开窗，但从其上一层偶数层的窗户往下，却可完全能看到奇数层的私家院子，其奇数层私家院子的邻居进出院子的一切活动景象都将随时被一览无余。

有了上述4项重大缺陷，这样的房子便成了完全"不适宜人类居住"的伪劣房子！但只是一般的开发者和住户（包括个别设计者），如果没有人提示他们，仅从图纸上他们是不太看得出来这些缺陷的，只有等房子建出来以后，身临其境，才能体会到，但为时已晚。

这就是模仿、抄袭及修改"正宗第四代住房"图纸所带来的的严重后果！为了尽到社会责任，后面还将为大家专篇介绍"伪劣第四代住房的失败案例"，以增加大家对伪劣住房的认知，从而减少或杜绝"伪劣第四代住房"的设计、建设，**以免给开发者、住户及社会都带来巨大损失。**

九、楼层彩色立体效果图

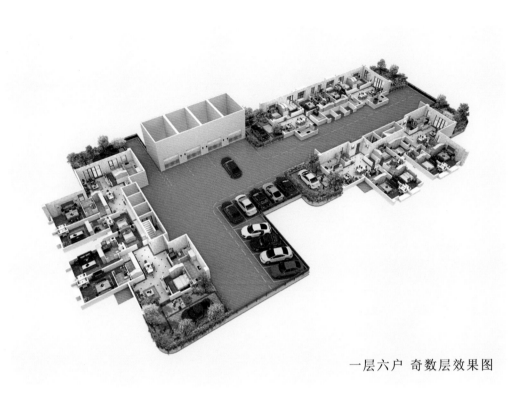

一层六户 奇数层效果图

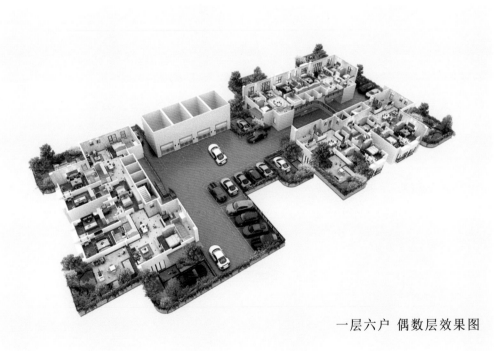

一层六户 偶数层效果图

楼层彩色立体效果图

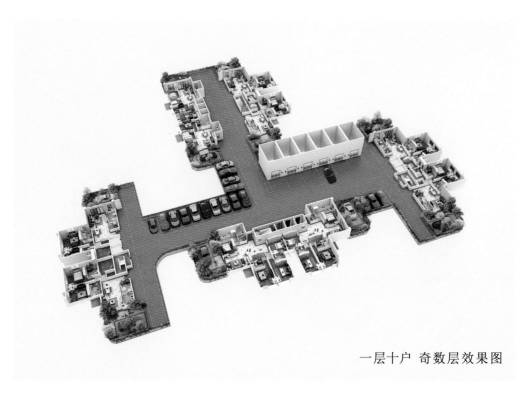

一层十户 奇数层效果图

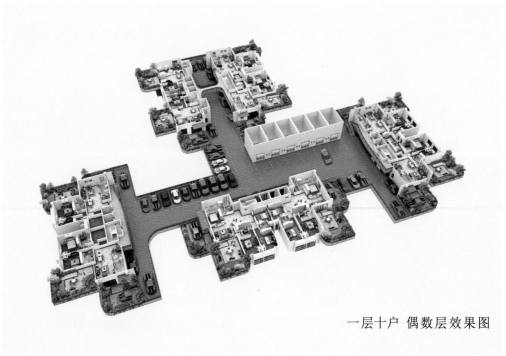

一层十户 偶数层效果图

楼层彩色立体效果图

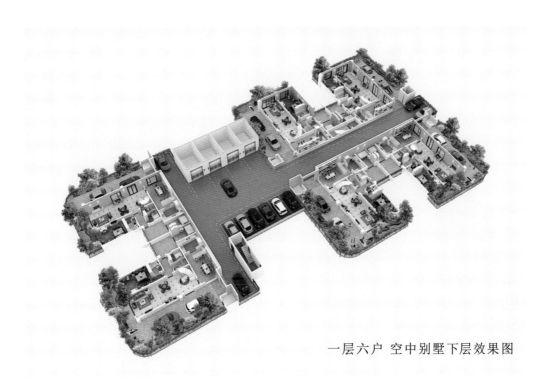

一层六户 空中别墅下层效果图

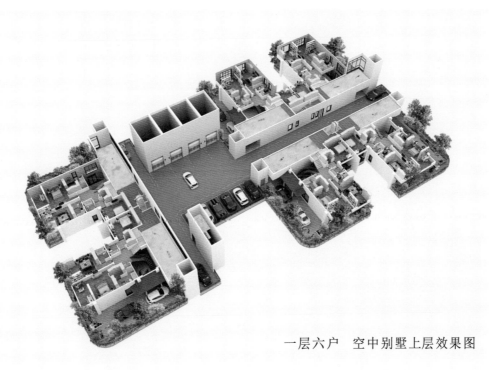

一层六户　空中别墅上层效果图

楼层彩色立体效果图

一层四户 空中别墅下层效果图

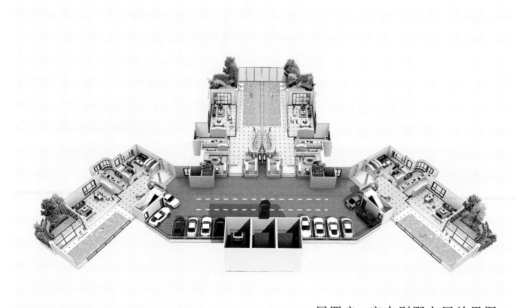

一层四户　空中别墅上层效果图

楼层彩色立体效果图

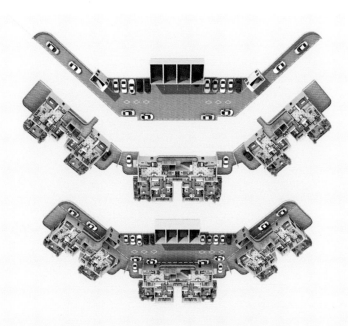

一层六户　房屋与停车平台下层分解效果图

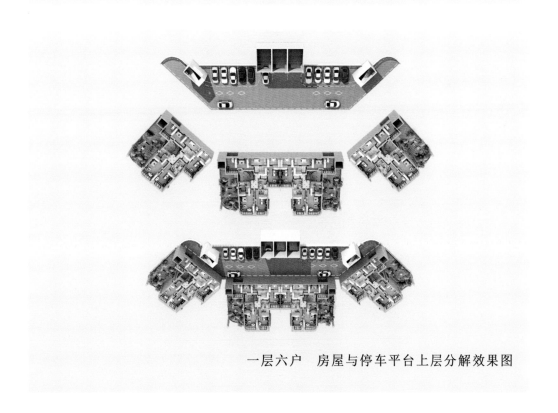

一层六户　房屋与停车平台上层分解效果图

楼层彩色立体效果图

十、户型彩色立体效果图

小三房 房子面积 103平米 奇数层 B户型
3房2厅2卫 花园面积 45平米

小三房 房子面积 115平米 偶数层 D户型
3房2厅2卫 花园面积 50平米

户型彩色立体效果图

155

三房 房子面积128平米 偶数层 H户型
3房2厅2卫 花园面积65平米

三房 房子面积145平米 奇数层 A户型
3房2厅2卫 花园面积65平米

户型彩色立体效果图

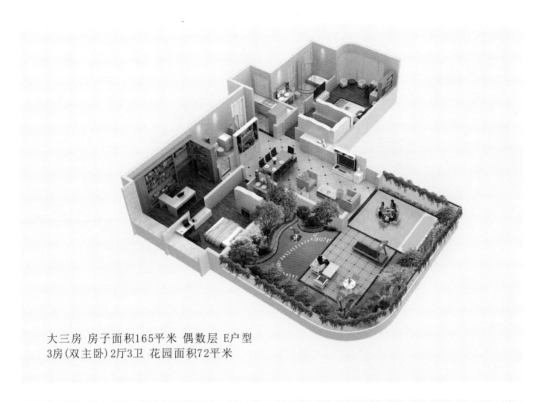

大三房 房子面积165平米 偶数层 E户型
3房(双主卧)2厅3卫 花园面积72平米

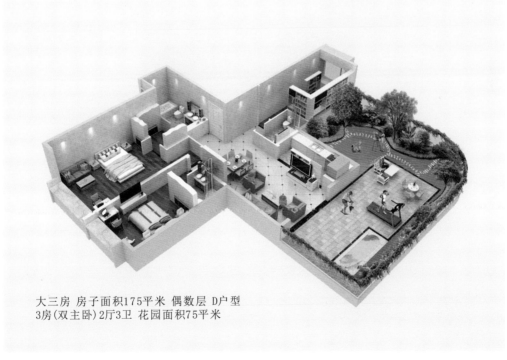

大三房 房子面积175平米 偶数层 D户型
3房(双主卧)2厅3卫 花园面积75平米

户型彩色立体效果图

四房 房子面积185平米 偶数层 C户型
4房(双主卧)2厅3卫 花园面积83平米

五房 房子面积210平米 偶数层 D户型
5房(双主卧)2厅3卫 花园面积82平米

户型彩色立体效果图

五房 房子面积220平米 偶数层 C户型
5房(双主卧)2厅4卫 花园面积82平米

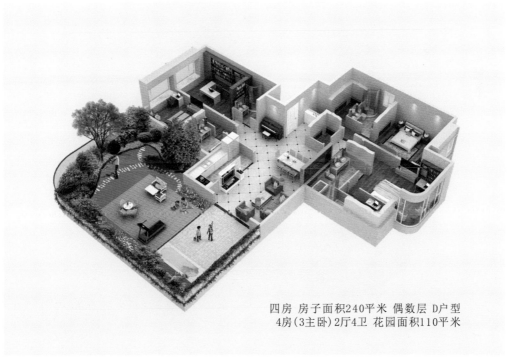

四房 房子面积240平米 偶数层 D户型
4房(3主卧)2厅4卫 花园面积110平米

户型彩色立体效果图

四房 房子面积260平米 偶数层 C户型
4房(3主卧)2厅4卫 花园面积110平米

五房 房子面积 285平米 奇数层 A户型
5房(3主卧)2厅4卫 花园面积 110平米

户型彩色立体效果图

十一、外立面彩色效果图

外立面彩色效果图

162

外立面彩色效果图

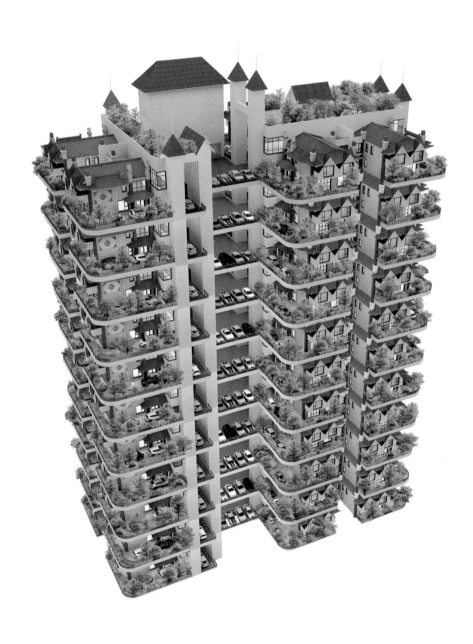

外立面彩色效果图

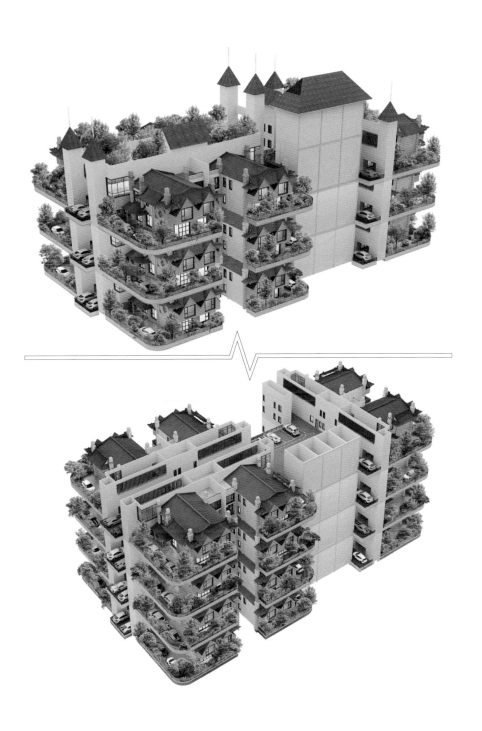

外立面彩色效果图

外立面彩色效果图

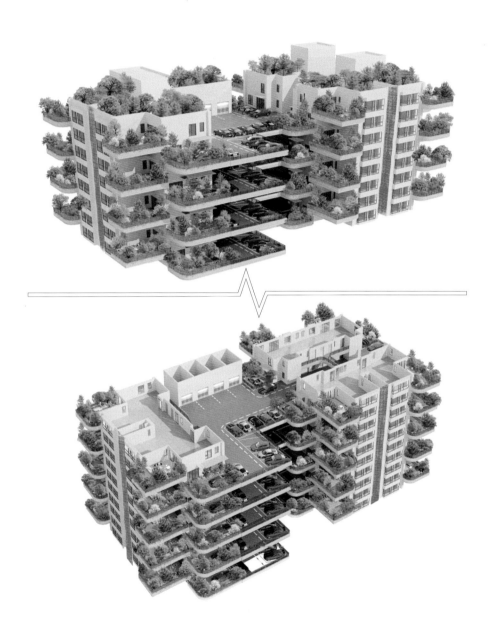

外立面彩色效果图

外立面彩色效果图

外立面彩色效果图

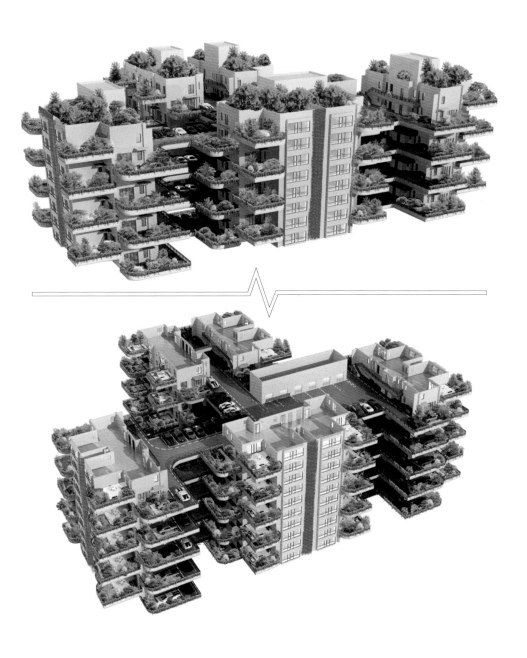

外立面彩色效果图

外立面彩色效果图

外立面彩色效果图

外立面彩色效果图

外立面彩色效果图

外立面彩色效果图

外立面彩色效果图

外立面彩色效果图

　　创新说明：一座天空之城占地约100亩，每层园林街巷含两层房屋，每两层共有住宅56户，公寓22户，共计78户，每两层房屋面积约1000㎡，园林街巷面积约3000㎡，每层均设有服务中心或商店；顶层设置为"天街"，即商业街（含商业、餐饮、医疗、酒吧、休闲、娱乐等几十家门店，共约8000㎡）！

　　一栋100层，高度318米的天空之城，则有住户3900户，房屋建筑面积约50万㎡，绿化植树园林面积约18万㎡（绿化率为占地面积的300%），可居住一万五千人，可大量节约土地，是人口稠密、土地稀缺的大中城市（如北京、上海、香港、东京、纽约等城市）的最佳建筑，最佳选择。

外立面彩色效果图
（平面图参见117页）

创新说明：一座天空之城占地约100亩，每层园林街巷含两层房屋，每两层共有住宅56户，公寓22户，共计78户，每两层房屋面积约1000㎡，园林街巷面积约3000㎡，每层均设有服务中心或商店；顶层设置为"天街"，即商业街（含商业、餐饮、医疗、酒吧、休闲、娱乐等几十家门店，共约8000㎡）！

一栋100层，高度318米的天空之城，则有住户3900户，房屋建筑面积约50万㎡，绿化植树园林面积约18万㎡（绿化率为占地面积的300%），可居住一万五千人，可大量节约土地，是人口稠密、土地稀缺的大中城市（如北京、上海、香港、东京、纽约等城市）的最佳建筑，最佳选择。

外立面彩色效果图

（平面图参见117页）

179

首座第四代住房小区实景视频

十二、刚竣工的第四代住房外观实景图

说明：该组照片拍摄于工程刚竣工时，树木植物刚刚栽种完毕，还呈现不出它应有的效果，待春季以后，其外观绿色效果会更加显现！

既使这样，与传统住房相比，其外观效果仍然十分震撼！

全球首座第四代住房销售现场——开盘即售罄
老百姓喜欢的就是最好的，这也说明"实践是检验真理的唯一标准"

刚刚竣工的成都·新都第四代住房外观实景图

刚刚竣工的成都・新都第四代住房外观实景图

刚刚竣工的成都・新都第四代住房外观实景图

刚刚竣工的成都·新都第四代住房外观实景图

刚刚竣工的成都·新都第四代住房外观实景图

183

第四代住房空中私家花园庭院实景图

刚刚竣工的成都·新都第四代住房外观实景图

每天都有来自全国各地络绎不绝的学习及参观人群！

刚刚竣工的成都·新都第四代住房外观实景图

十三、第四代住房相关知识及说明

关于花园的绿化和养护

第四代住房的花园庭院应种植适合当地气候条件生长的花草树木，并找当地园林绿化公司，提供适宜性的栽种方案，达到绿化效果。

第四代住房·庭院房所涉及的花草树木和养护浇灌，是采用自动滴灌系统(这是一个很成熟的技术)进行自动浇灌，住户只需要每两三个月修一次枝叶即可，并且修剪枝叶也可请专业人士来修剪。

花草树木的栽种

在设计方案中，所有院子的混凝板都是下沉板上翻梁，就像卫生间的结构一样。下沉板有60厘米左右深度，也就是说可以回填土50厘米以上厚度，在靠墙栽种大树的地方还可以做一个向上50厘米的树池，这样，在靠墙的地方便有1米左右的覆土，即可以栽种4-5米高的大树，并将树干固定在墙上，以防大风将树刮倒或使其摇晃，在其它不靠墙的位置才栽种1-3米的小树、低矮植物、果树或灌木，这样整个庭院的花草树木便显得错落有致，任何大风也没问题。

院子的排水和防水

在院子下沉板做完防水以后，应有2%的坡度，一般坡度应向墙的方向倾斜，在坡度的最低处，每隔3-5米都有一个排水口和统一的一个落水管用以排水，以防止积水。同时在防水层的表面还应做一层3-5厘米的细石混凝土刚性防护层，以免植物根系破坏院子的防水层。

物业管理中的"园丁菜农部"

第四代住房的所有花园庭院面积从40㎡至200㎡均有，但大多数为45㎡至65㎡，从功能上大体上分为两个部分：一部分是人员休闲活动区，属硬化地面；另一部分为植物栽种区，属软土地面。

为了建筑外观整体的美观性，所有花园庭院均应精装修竣工，即所有硬化地面应用大理石或木质等材料铺装完成，所有软土部分应种植上适应当地生长的花草树木及草坪。

在房屋竣工交付住户后，物业管理公司应成立相应的"园丁菜农部"，园丁菜农部工作人员应由懂园林及蔬菜栽培技术的人组成，一般情况下，一个小区如有一千住户，则应设20位园林菜农工作人员，即50户分摊一位，每位园丁工作人员每月在每户人家工作半天，即可完成换种蔬菜及修剪花草树叶工作。

如每位园丁菜农每月工资为7500元，即每位住户每月需承担工资150元，并在你需要时，均可电话预约园丁每个月上门服务半天，或每个月上门服务两个时段（每两小时为一个时段）。

这样，即可将你的花园庭院的软土栽种区，全都种植上果树、各类季节蔬菜或葱姜蒜苗，从而保证你家随时能吃上新鲜的有机蔬菜，并且，每月只需支付150元园丁菜农工资，这可比购买蔬菜便宜多了。

.

自动灌溉系统

园林绿化自动喷滴灌系统技术在我国的发展起步较晚，以前多应用于高尔夫球场等高档休闲娱乐场所，近年来随着城市绿化美化的发展，园林绿化自动滴灌系统技术在城市绿化、花卉及草坪生产方面得到广泛应用。

1、第四代住房室外花园庭院绿化自动灌溉系统的特点与城市绿地喷灌相比，第四代住房绿化自动微喷灌及滴灌系统具有如下特点：

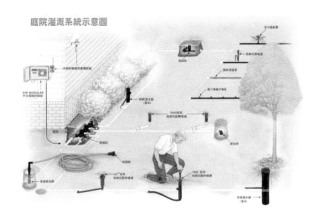

（1）第四代住房室外花园庭院具有休闲、观赏、娱乐的特点，灌溉系统要与现有景观相互协调、配合，既要满足草坪、花卉、树木生长的需要，又要具有观赏性，要具有较好的景观效果。

（2）第四代住房室外花园庭院通常根据园林设计的特点呈现不规则形状，并为了美化伴有各种灌木、奇石等造型。因此给灌溉系统的规划、设计及施工带来一定的难度，相对于城市绿地灌溉来说，其技术要求较高。

（3）第四代住房室外花园庭院对灌溉技术方面的要求：第四代住

房室外花园庭院的主要作物是草坪、花卉、矮树，根系活动层多在20~100cm左右，因而浅浇勤灌成为其突出特点，传统地面灌水方式很难满足要求，极易造成水资源流失和植被根系长时间浸水。同时，相对地面绿地空间而言，空中室外花园庭院空间显得相对狭小，不能摇臂式地喷水，否则容易对楼下公共区域造成以外喷淋。时下从国内外园林绿化灌溉技术的发展来看，微喷灌及滴溉技术是较为理想的灌水方式，而且其雾化效果好，水滴小，对花卉和草坪的打击强度较小。

2、第四代住房智能自动化微喷灌及滴溉技术的特点和设计思想

（1）维持现有景观，配合地形、地貌特点，注重灌溉喷洒的观赏性，做到美观实用，基于此，第四代住房室外花园庭院绿化工程多采用自动化微喷灌及滴灌系统。其中喷头多为埋藏式伸缩喷头，安装时顶部与草坪地面平齐，当管道中有压力水时，喷头的喷嘴部分弹出地面约5cm~10cm，无水压时，喷嘴保持与地面平齐，不影响割草等日常活动。与目前一些地方应用竖铁管加摇臂式喷头系统相比，其优点明显：管道多采用PVC塑料管，全部埋在地下，可很方便地与喷头相连；控制系统多由电子调谐可编程控制器和交流信号控制的电磁阀组成。

（2）为了使灌溉绿化达到美观、赏心悦目的效果，在灌溉的整体布局上多采用对称布局及间隔布置相结合。具体布置时大面积地块中部宜采用高仰角、大流量的喷头，其具有较大的喷洒半径和较高的喷洒弧线的灌水器，喷洒时呈全圆或扇形旋转喷洒，具有较好的动感效果。

草坪边界及草坪内小路边上采用小型灌水器，以形成花朵环绕。为防止在每块地的边角地带出现漏喷洒现象，草坪周围边角控制点上采用小型灌水器，并呈180度和90度扇形喷洒，并确保不喷洒在周边道路及楼下。这样的布置在运行时显得较为成功，更加上地形的微小起伏，整个喷洒范围的景观效果和均匀度都较为理想。特殊位置布设微型滴灌管线，达到全方位浇灌的效果。

（3）控制原理及接线。第四代住房智能自动化微喷灌系统多采用控制器控制电磁阀，从而控制整个灌溉系统。设计中可根据实际情况将整个范围划分成若干小区，电磁阀安装在各小区首部，由一根信号线和一根零线与控制器相连。通过控制器很方便地进行程序编制，选择好一周中哪一天进行喷灌及灌水的开始和结束时间，便很容易地对整个喷灌系统进行自动化控制了。除全自动化控制外，控制系统还可实现半自动化以及完全手动的控制，运行管理十分方便。

（4）灌溉水源设计。第四代住房智能自动化微喷灌多采用市政自来水供水。若室外花园庭院绿地面积较小，选用微喷头较少时，水源处一般不需加压；若室外花园庭院绿地面积较大，布设管道较长，通常要在市政自来水的基础上加压，一般需将一台管道泵串联在管道中，其控制线路连接需由控制器同时控制水泵和电磁阀的开启，因而要将水泵的交流接触器并联在电磁阀的控制线路中，以实现水泵电磁阀及水泵的全自动化控制。

十四、设计及建设说明指南

建筑方案、平面、立面、户型示意图的设计说明

第四代住房目前已拥有几十项国际国内专利技术，因篇幅有限，本书中只摘录了其中一项专利技术，但本书中采用的所有方案、平面、立面、户型及文字描述，均是根据第四代住房的其它各项知识产权专利技术及原理设计出来的！本书中采用的这些图例，有各种户型图和户型与各种平台的组合图，主要是为了使人们便于了解什么是第四代住房，并知道在第四代住房的专利技术原理基础上，可任意布局出各种各样所需要的项目规划方案、平面、立面以及任意户型组合平面图出来。

本书"建筑单元房屋平面设计方案示意图"，例举的全是一个单元两户，这种独具匠心的平面布局方法，也是第四代住房主要的核心专利技术之一，即从该平面布局中可以看到，每个户型的客厅均设置在其户型一端的外墙转角处，该客厅设置有两个相邻的外墙面，通过这两个相邻的外墙面，将奇偶楼层垂直对应户型的私家花园庭院设置在了各自客厅相邻的两个外墙面的不同方向，其它所有房间的窗户外均没有设置私家花园庭院！这一独特设计布局使得其他所有房间都能获得直接采光，从而使第四代建筑的住户房间都没有了"黑窗户、黑房子"（见所有示意图例）。

从本书中还可看到，采用这种独特的布局原理，还可以布局出N多种任意需要的单元平面及户型来（见所有示意图例）。

将这些根据任意需要布局出的各种单元平面及户型相互组合在一

起，可以再组合成为各种建筑平面，或与各种型状的停车平台组合在一起，又可成为各种带有空中停车的建筑平面，最后根据所需要的建筑层数及高度而组合成为一栋栋外型一致或外型各异的具有独特风格的创新建筑，即第四代住房·庭院房（见所有示意图例）。

再根据各种需要的户型组合而成的第四代创新建筑，根据其建筑项目的土地形状或规划需要，可设计布局出任意项目总平规划设计方案，并根据其项目总平规划设计方案进行深化设计、出图、即可进行施工建设 。

特别说明：上述所有平面布局，有带空中停车的（即第一种建筑形式），也有不带空中停车的（即第二种建筑形式和第三种建筑形式）！并空中停车的有采用单层轿厢载车电梯的（单次载车一辆），也有采用双层轿厢载车电梯的（单次载车两辆），所以，在上述平面布置中，便会看到一个建筑单元有配置一部载车电梯的，也有一个建筑单元配置有两部载车电梯的不一致情形。

设计及建设说明指南
（请参照本著作相关示意图阅读）

    1、空中公共立体园林的设置： 每两层房屋设置一座公共院落，公共院落可有各种不同形状，房屋以每个单元为独立单位，设在公共院落的一边、两边、或周边；

    空中公共院落分两种，一种为停车的，一种为不停车的，停车的一座公共院落的面积与所连通的两层全部房屋总面积占比，一般应不低于60%，不停车的一般应不低于30%，以使公共院落的规模与居住成正比！但如有特殊需求，也可低于60%或低于30%；

    因房屋均是以每个单元为独立单位间隔设置，在公共院落里便会形成多个不封闭的面，以使空气形成对流和利于采光及消防；公共院落不封闭的采光面总长度，一般应不低于其院落周长的三分之一，以使空中公共院落成为比地面"传统四合院"有更好的视线及舒适度，更具有普市价值。

    2、私家花园庭院的设置： 每户客厅应设置在每户房屋的外墙转角处，并客厅至少应有两个相邻的外墙面，该户的空中私家花园庭院则设置在其客厅的一个外墙面外；

    该户型房屋垂直对应的所有户型房屋的客厅均垂直对应，并奇数层与偶数层各自的私家花园庭院，分别设置在其客厅两个相邻的不同外墙的外边，以使上下层各自的私家花园庭院均错开在不同方向和都具有了两个自然层的高度；

    在客厅通往私家花园庭院的外墙面开有较大的门带窗，在该客厅的另一个外墙面则不设置窗户，以使下一层私家花园庭院具有"私密性"，以免出现没有"私密性"的致命缺陷！但如果在私家花园的上层外墙面设置有卫生间等辅助用房需要开窗的，则在其窗下应设置一块"外窗台板"或"外花园板"，以遮挡住该窗户从里往下的视线。

3、私家花园庭院的面积及构造：私家花园庭院面积一般应不低于40㎡，大多应为45～65㎡较为适宜，结构为下沉板上翻梁，覆土池深度一般不低于30cm，但以50cm以上为宜，并花园庭院至少应有两个相连的完整边不封闭，无墙，无柱，且全部外挑（以利于庭院绿化、采光、以及无法乱搭乱建）！但如有特别要求的，也可不下沉板上翻梁或不外挑。

4、私家花园庭院绿化：空中私家花园庭院应种植各类适宜当地生长的花草树木！种植各类花草树木的绿化面积，一般应不低于该庭院面积的60%！但如有特别要求的，也可少绿化或不绿化。

5、空中停车的：不再建地下停车场，将其都分散建到空中，变化为一座座空中四合院或胡同街巷——即"空中公共院落"！人们回家都可将车辆直接开到空中每层楼的公共院落里，一下车即在空中院落的自家门口，不再去到空气污浊光线黑暗的地下停车场，更方便人们回家停车和驾车出行；载车电梯速度一般应不低于2.5米/秒，并每65户配置一部双层轿厢电梯或双了电梯、或每35户配置一部单层轿厢电梯，如配置数量低于本标准，将影响早高峰车辆的顺畅出行！

但如有特别要求：有空中有停车的，也可建地下停车场，在地下也可停车；或是空中不停车的，仍可缩小空中公共院落的面积，车辆则全停在地下室。

6、私家花园庭院绿化指标：一座50㎡左右的私家花园庭院应栽种5米高的大树3～5棵，栽种1～3米的小树30～80棵、1米以下的灌木100～

200棵、以及花草若干（如低于上述标准，将会影响建筑外观垂直绿化效果），同时应保留一块10㎡左右的草坪，利于后期住户在需要时改为菜地，使其客厅外都有一座私家花园+果园+菜园，以更具有实用价值！但如有特别要求的，也可不进行绿化或少进行庭院绿化。

7、绿化花园的防水及自动浇灌：花园庭院覆土下应先做柔性防水层，再做刚性层防水，刚性层防水一般以250号混凝土满铺3～5cm，主要作用是以防树根下穿破坏柔性防水层，并铺设排水管网；庭院花草树木应采用自动喷灌及滴灌系统，以方便家中长期无人时的自动养护。

8、专利及著作权人声明：本著作已经由"中国新华出版社"出版并公开发行，本著作公布并公开的所有设计图、方案及文字描述和上述说明指南所涉及的内容，包括百度等网络搜索到的"第四代住房"所出现的相关图片及设计说明，也均是来源本著作版权图片或为第四代住房的专利技术！本著作展示的所有设计图例、方案及文字说明，也均是为了方便他人对第四代住房技术特点的理解，以及便于任何设计及建设人员在"经专利及著作权人授权后"将本著作图例、方案直接采用，或根据本著作展示的图例、方案、文字描述及原理说明进行其它所需要的各种方案的布局和施工蓝图的设计！

任何技术（包括任何专利技术）都并非深不可测，一但当你知道了其具体方法、方案、原理、配方、方程式等全部"秘密"后，其该技术领域内的任何专业人员都会感到十分简单，也全都会做了（包括原子弹）！这就如同魔术一样，当没有揭秘之前，都会十分神奇，一但揭秘知道看到结果，便都会觉得十分简单了（但要原创出这些方法、方案、配方、图例等等，却会十分艰难，十分不容易）！这，就是全世界都要对知识产权技术实行保护的原因。

所以，任何他人，凡"未经专利及著作权人授权同意"，就使用本著作示范图例、及文字描述对其它项目进行设计及施工的（包括搜索百度等网络得到的相关第四代住房的图片或文字）、或在此基础上进行任何"再创作"（即在示范图例基础上进行调整房间数量、形状、尺寸大小、位置、以及调整更改公共院落或私家花园庭院的形状、布局等行为）进行再设计及施工的，均属于侵犯他人知识产权和著作版权（设计方案和施工图即是一种著作版权），均应承担违法侵权责任和赔偿责任。

9、关于模仿侵权：在这里例举一个平面户型图，这是一个他人模仿修改后的平面户型，虽然该户型在花园的另一面加了一个侧边阳台，并开设了窗户，但这无脑修改却造成了侧边阳台可往下近距离观看大花园的全部景象，使其没有了任何"私密性和安全性"可言，造成大花园无法使用，并且侧边阳台上所开的窗户由于上一层大花园的遮挡，还无任何采光，只是摆设罢了，其开窗和增加侧边阳台的成本也远远高于专利授权使用费（可能模仿者自以为这样修改一下就不侵权了，但却无得反失增加了造价又造成了房子无法使用）！其实，这仍属于第四代住房的知识产权专利技术范畴（因修改后仍具有第四代住房的主要技术特征），所以仍需经专利及著作权人授权后才可使用，否则，仍属于典型的侵犯他人知识产权行为，仍需承担侵权及赔偿责任。

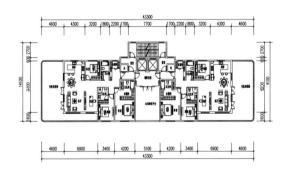

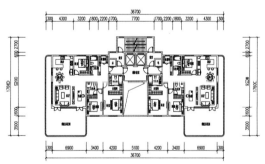

奇数层平面图（修改模仿侵权设计方案示意图）　　偶数层平面图（修改模仿侵权设计方案示意图）

十五、读者可能问到的相关问题及解答

读者可能问到的相关问题及解答

1、庭院绿化：

问：花草养殖为人工定期维护，如入住率未达100%，怎样定期养护？成本由谁买单？

答：绿化为一次性种植好，维护全是"自动滴灌"，根本不需要人工养护，只三五个月去修剪一次枝叶即可，该成本如有，每年也就几百元钱。

问：随着南方气候的变化，加上楼层过高的绿化，存活率有没有问题？

答：绿化所栽的花草树木，都是当地的最适宜生长的植物。

问：庭院绿化后的飞虫和小爬虫如何解决？

答：通往客厅外的绿化庭院的落地玻璃窗门外，安装有一道隐形纱窗，同时在建筑结构上，绿化庭院比室内客厅有10cm左右的高低差，并在高低差处设有一道立面十分光滑的门槛！这样，无论飞虫或小爬虫都是进不到室内的。同时，因绿化庭院都在空中高层，飞虫和小爬虫会相对少很多。

问：秋冬季节，绿化干枯带来的环境卫生问题以及防火问题是否考虑？

答：这与城市公园或小区内院子里的绿化花草树木一样，环境卫生和防火问题都可解决。

问：由于空间高度的限制，乔木的高度不能随心所欲。如果住户选择速生高大的乔木，一旦超过两层楼的高度，会产生折枝坠落的风险。高楼的风荷载比低层和地面大很多，极端天气会造成地面的大树连根拔起，而高空的乔木因大风荷载造成的潜在坠落风险更大。如果选择果树，果实高空坠落的风险谁来承担？

答：现在城市高层的屋顶，大多都建成了顶层花园，种满了花草树木，但没听过有此类风险报道。

2、载车电梯：

问：载车电梯使用中是否有房屋震动及噪音的产生？包括车辆在楼道行驶过程中是否存在楼道震动及噪音的影响？多辆车辆同时行驶或停放，楼层承重是否可行？

答：载车电梯与载人电梯的运行技术及方式一样，不会存在任何震动，至于承重，其结构设计荷载与停车楼一样，停车楼已存在很多年了，楼层承重也没有问题。

问：载车电梯技术指标是否达标？是否设定紧急措施？消防要求规范是否达标？

答：载车电梯早已是一个很成熟的技术了，并不是现在才独创，在制造时一切也均按照国家规范实行，否则，国家安检部门也不会验收，更不会让人使用。

问：高空停车、开车、撞车、自燃的火灾隐患，以及火灾扑救难度都比地面和普通住宅困难很多。根据现有的建筑防火规范，停车场（库）与住宅之间必须采取可靠的隔断，或者一定的防火间距，现在停车场（库）和住宅融合在一起的高层建筑，火灾隐患和危险性采取哪些措施来满足消防的要求？是否需要设定消防卷帘和消防通道，成本是否较高？

答：第四代建筑的停车虽然在高层，但都在室外，这危险系数应该远比封闭的地下两三层停车场小得多，并且空中停车场在全国已有很多先例了，第四代住房的停车都在室外，更不须用卷帘门封闭。

问：道路交通如何组织？空中街巷如何与现有的地面街道联系，如果每户的机动车通过电梯联系的话，假设每栋楼共30层，每层4户，设三部机动车电梯，一部电梯一次装一部车上下，怎样规避上下班高峰期等电梯拥堵？

答：这个问题，在载车电梯研发中心的设计报告中，已有详细的演算，保证早高峰顺畅出行已不存在问题，如果在实际运用中真遇到问题，还可随时加装电梯，这在土建设计中，已留有位置。

3、城市管理：

问：如何杜绝住户将私家花园封闭搭建成房子。

答：第四代绿色生态建筑在平面布局和结构上，与此前的所有建筑均不一样，首先将空中停车建筑与地下停车场建筑的功能都设置成一样，都属于公共通行及共用停车区，使之无法"乱搭乱建"；同时，它取消了传统的阳台，将每户唯一的室外绿化花园平台都设置在了客厅外面，并全部外挑两层高，无墙无柱，覆土植树，无任何依托，在设计时已从结构上杜绝"乱搭乱建"；

其次，绿化花园平台是这套住房的最大亮点优势，正常人是不会去破坏掉一个产品的最大优势，将其变成缺点，因为如果强行破坏搭建，还会直接把自家的客厅全部遮挡住而使之成为黑房子(无采光无通风)，从而浪费掉几十平方米的客厅使之无法使用，何苦得不偿失？如果真要这样，住户还不如直接去购买无绿化花园平台的第三代大户型多房间住房，这反尔可直接得到全部都是采光的房间，并且购买总房价还会降低。

除上述外，还可在售房销售合同中与住户约定，不得乱搭乱建，否则以违约处理，或从物业入手加强管理，仍可解决个别人可能在私家花园里的"乱搭乱建"问题！

4、更利于消防安全

问：空中共公院落的消防安全吗？

答：更利于消防防火、避难、救援及疏散！

因第四代住房是以每三栋或三栋以上的单元房屋相互联通后而成为的一栋建筑，其相互联通的均是以门前街道为载体，并且还在每户的公共房间客厅外，设置了一座两层高的大型私家花园庭院！

这种设计布局，即使在房屋或门前街巷院落的任何地方发生火灾，人员的疏散及避难都可以是双向的，双通道的，即可以通过自家进户门立即到门前的室外街道上，或通过客厅门立即到室外私家庭院里，或从四通八达的街巷院落里任意疏散。

这些被疏散的地方，不但均是在室外，而且其空间面积均较大，完全能避开任何火势，尤其是门前室外街道，不但本身就十分安全，而且四通八达和更方便救援。

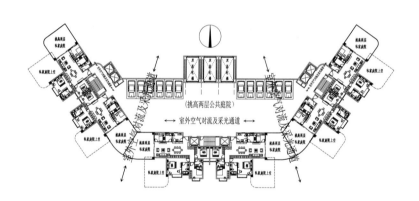

更利于消防疏散及通风平面示意图

如果在门前的公共院落停车处发生了车辆火灾，因是在室外空间里，不会有封闭的高温和浓烟，人员生命财产仍然是安全的，更是比地下室的封闭空间安全系数要大很多。.

5、其他问题和空中停车安全：

问：设计方案中空中楼层停车在实际使用中需要进一步解决的几个事项：

(1)对设置在车道端头的车位，侧方位停车入位存在驾驶者驾驶技术的熟练程度问题。

(2)车辆过道设计为6米，分别在车道两侧各设置1米的人行通道，只有对应车梯出入区域相对较为宽敞。车辆进出载车电梯、楼道人车混流、楼道驾驶等均存在不确定的安全隐患。

(3)楼层停车存在每层公共区域有汽车尾气排放污染及噪音污染隐患。

(4)高楼层设置停车位是空中停车最为重要的安全使用严控区域，重点需要考虑停车位端头安全维护板的结构安全设计。本方案中未见停车位安全维护结构生产使用措施，如何防止车辆失控撞击围护结构导致高空坠落事件。

(5)载车电梯荷载重、电力功率大、使用频率高，故运行成本的测算及住户费用的分摊接受度需考量。

答：上述其它的都不是问题！关于空中车辆行驶安全和尾气噪声、载车运行费用问题，空中停车场外围防护是参照高架桥、跨海大桥的钢筋砼栏板方式，且钢筋砼栏板是同梁板整体浇筑，车辆是冲撞不出去的；车辆尾气问题应该比现在地下停车场好N多倍，因空中停车均在室外，更利于空气畅通,没有任何问题；载车电梯运行费用与地下室停车场照明和通风费基本相当。

问：人防面积按照计容基底面积设置，按《人民防空工程建设管理规定》第四十七条规定"新建10层含以上或者基础埋深3米(含)以上的民用建筑，按照地面首层建筑面积修建6级(含)以上防空地下室"。

答：人防要求的面积，就是建筑首层的同等面积，第四代住房首层对应下面也有基础，地下基础层刚好就是人防层，但如有需要，也可将人防集中到异地修建。

十六、关于假冒伪劣 "第四代住房" 解读

　　每一个美好的、创新的产品问世,都会有很多 "鱼龙混杂" 的类似产品参与其中,但很多人却并不知道这些 "鱼龙混杂" 产品的危害性!

　　希望通过以下专业解读,以增加大家对这些伪劣产品的认知,以免给开发者自己、给社会、给住户都带来不可挽回的巨大损失。

有重大缺陷的、伪劣"第四代住房"警示录

（失败案例解读）

1、问： 怎样的建筑，才是有重大致命缺陷的伪劣"第四代住房"建筑呢？

答： ①、那我们来看一看下面这些伪劣的建筑失败案例吧！

有重大缺陷案例示意图

上面共三张图是某地正在建设的一个项目，也号称是第四代住房！这个房子如果单从外立面图来看，跟真正的第四代住房还是很像的，甚至就是一样，但其实这种外观长满绿色植物、有院子的房子在十几年前就已经有了，只是因为有"黑房子"等致命缺陷，才一直没有发展。

我们从其中的两张平面图中可以看到，在这个偶数层的院子里有三个卧室，并开有三个窗户，这样，在自家院子里就可看到三个卧室里的全部景象，那这三个卧室岂不一点"私密性"都没有了，虽然是在自己

家，但毕竟男女长幼有序，不一直都拉着窗帘，这三个卧室岂敢住人？并在这个院子的上一层仍有三个卧室，只要上面的卧室一推开窗户，下面院子的景象就会被邻居在上面近距离两三米远看得清清楚楚！使这个院子同时还没有了"私密性"，也没有了"安全性"。

并且，偶数层院子上层的那三个卧室还不能直接采光，因为它的上方对应的又是上面一户的院子底板，院子外挑一般都有四五米深，全完会挡住下面窗户的光线，使其全都看不到天，也采不到光而变成"黑窗户、黑房子"！所以它总共有四个卧室，但实际上只有一个卧室在另外一个方向才可以采到光，其它三个卧室全都是"黑窗户、黑房子"。

估计要建这个房子的开发商，应该是了解过我们真正的第四代住房，甚至可能还带着设计人员到我们成都新都的示范项目上参观过，但看完回去后，设计院便开始模仿，甚至还可能对开发商说这个专利技术很简单，随便改一改、模仿模仿就绕过去了！他模仿的这个设计，虽然是绕开了我们的专利技术，也不用授权了,也没有侵权，但是，它却没

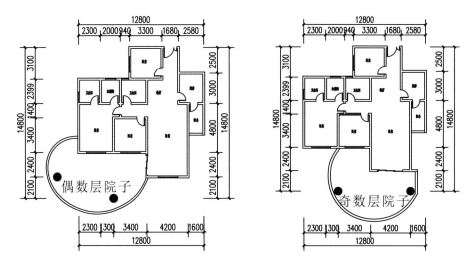

又另一个有重大缺陷案例示意图

办法绕开"黑窗户、黑房子、无安全性、无私密性"这些致命性缺陷，最后将造成开发商及住户都蒙受巨大损失。

虽然它有了这么多重大致命缺陷，可很多人光看图纸，是看不出这些致命缺陷的（甚至，连抄袭模仿设计者本人可能都想不到、也看不到这些缺陷），很多人要等到房子建出来，变成实物后，身临其境才会知道和体验到这些缺陷！但这时，已悔之晚矣。

②、上面的两张图，是正在建设的另外一个模仿项目，缺陷比上一个还多，因为它的客厅也被上一层的大院子底板完全挡住了，使其中一层的客厅都变成了黑房子，采不到光！这样建出来的房子，仅仅只是外观好看、类似，却因有了许多致命缺陷，根本无法居住或不适宜居住，白白浪费了国家宝贵的土地资源和建材资源。

不过，有上述类似重大致命缺陷的伪劣建筑（也号称"第四代住房"），还会有许多（因为有一些无脑的所谓设计师、开发商都热衷于抄袭和模仿），这就不一一列举了！

关于致命缺陷，还可参阅本书213—231页的更详细介绍和封底视频介绍。

③、故此忠告：本著作所公布的技术方案，是经过多个建筑专家团队很多年的不懈努力，才获得的成果！是全球所有挑高两层大花园、大庭院的植树建筑中，唯一能避免全部致命缺陷的技术方案，除此之外，其他任何试图更改、抄袭或模仿，都将会出现**"黑窗户、黑房子、无私密性、无安全性"等重大致命缺陷**（就像吃饭必须要从嘴上吃的道理一样）！

真诚告诫个别开发商和所谓的设计师们不要再制造出有重大缺陷的建筑啦（如果随便谁动动手，几天几十天就能搞出来或模仿出来个绿色创新建筑，那这十几年来"第四代住房"早就在全球遍地开花了，我们也不会下这么大的功夫，聚集这么多专家团队花六、七年时间才完成）！所以，**模仿抄袭，不但将带来房屋的重大缺陷，而且还将给开发者自己和住户都带来巨大损失，更将浪费掉国家宝贵的土地资源和建筑材料。**

2、问：第四代住房的知识产权，如要采用中的其技术方案，可以么？又怎样联系呢？

答：任何单位或个人均可采用，但需经专利及著作权人书面授权后，方可进行！以下为联系电话及地址：

电话　+86 400 0510 666

Tel　　(86)400 0510 666

地址:中国成都市科华北路65号世外桃源广场28楼

"第四代住房"有关国际国内的部分专利证书

哪些是属于有重大缺陷的、伪劣第四代住房？

问：哪些是属于有重大缺陷的、伪劣第四代住房？

答：①但凡是在私家院子的上一层开了窗户的；②或在私家花园院子里，能看到隔壁邻居家房间内的；③或上下层私家院子有重叠的；④或将私家花园庭院三面都封闭起来的！这4种出现任何一种，**都是有重大缺陷的、伪劣第四代住房！**

其实，这种简单把阳台做高做大而变成了一个大花园院子的房子，十几年来，在全球的十几个地方已建成十几处了，但都因它们有黑窗户、黑房子等许多重大缺陷始终无法解决，**使这些建成后的房子，全都"不适宜居住、或无法居住"。**

只因，这种种缺陷，往往只有当房子建成、人们身临其境以后，才容易发现（但已悔之晚矣）！所以，这些开发者们至今都再也没有在任何地方建设过第二处（这个，便是对"无法居住、或不宜居住"的最好例证！否则，如果效果好，他们早建N多处啦）。

所以，奉劝个别还"不知道"的诸君，再别设计或建设这种有重大缺陷的、伪劣第四代住房啦（你也更不可能花上几个月时间，就能设计出来一个什么新的，如花几个月甚至一两年、简单就能弄出来的，一定仍然是有重多重大缺陷的东西——因为已经有很多前

211

车之鉴的教训了）！这不但会浪费国家保贵的土地资源，还会让建成后的房子无法居住、或不宜居住，从而给国家、给社会、给住户、也给开发者自己都带来巨大损失！

而由**天地集团联合**清华大学和中国建筑标准设计研究院等十几家单位原创的、正宗的第四代住房，是花了六七年时间，是在多个建筑及设计专家团队的不断修改和克服了重重困难，并是在花了几亿元巨资建设了实验及示范工程（如成都新都**"七一城市森林花园小区"**等）验证以后，才设计、研究、实践完成的！目前"天地集团"所获得的技术标准，其私家花园院子的上一层，已不会开任何一扇窗户，更不会出现"黑窗户、黑房子、无私密性和无安全性"等任何缺陷！

这个技术标准，也是目前**全球唯一能实现第四代住房的"全部优良品质"的核心技术标准**，除此技术标准之外，其它任何模仿、抄袭或修改，都会出现重多重大缺陷。

十七、国内外失败案例选编

（共精选8个）

每一个美好的、创新的产品问世，都会有很多"鱼龙混杂"的类似产品参与其中，但很多人却并不知道这些"鱼龙混杂"产品的危害性！

希望通过以下专业解读，以增加大家对这些伪劣产品的认知，以免给开发者自己、给社会、给住户都带来不可挽回的巨大损失。

国内外失败案例选编

—— 01 ——

　　以下8个失败案例，因它们均有"黑窗户、黑房子、无私密性、无安全性"等众多重大缺陷，经过众多建筑专家学者的共同努力，现都一一收集整理出来，现推送给大家，希望能对大家的工作有所帮助：

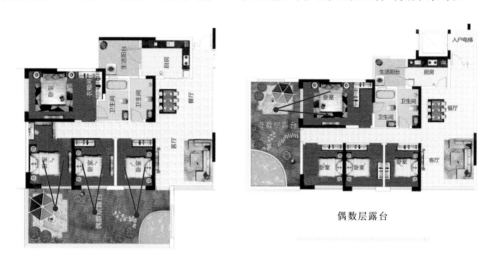

偶数层露台

　　从红色线条指示中可以看出，站在自家花园里，可以看到卧室里的全部景象，使这些卧室均不具备私密性和安全感，而无法居住！虽然是在自己家，但长幼有序、男女有别，使处在卧室里的人，随时都会拉上窗帘才有安全感。

　　并且，自家院子的上一层邻居，还有多间卧室，从这些卧室里一推开窗，还能近距离看到自家院子里的全部景象，从而，使自家院子无任何私密性和安全性可言！

　　同时，还使上一层邻居家的卧室全都被再上一层邻居家院子的底板全部遮挡，使该些卧室都完全看不到天，采不到光，而变成了黑窗户、黑房子。

上述立面图，是上述平面图的外观效果图，该"伪劣第四代住房"，只是简单的把阳台做高做大了，没有任何一点技术含量，使这种房子建设出来，仅仅只是外观好看而已，实则不宜居住或无法居住（因为有了**黑窗户、黑房子、无私密性和无安全性**等众多重大缺陷）！同时，还浪费了国家宝贵的土地资源和大量的社会建材资源。

只是，从图纸上大多数人都看不出来这些缺陷（甚至包括设计者本人），要等到房子建出来以后，住进去，才能体会到，但为时已晚矣。

—— 02 ——

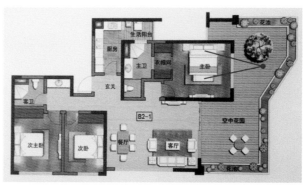

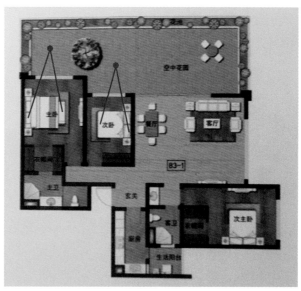

从红色线条指示中可以看出，站在自家花园里，可以看到卧室里的全部景象，使这些卧室均不具备私密性和安全感，而无法居住！虽然是在自己家，但长幼有序、男女有别，使处在卧室里的人，随时都会拉上窗帘才有安全感。

并且，自家院子的上一层邻居，还有多间卧室，从这些卧室里一推开窗，还能近距离看到自家院子里的全部景象，从而，使自家院子无任何私密性和安全性可言！

同时，还使上一层邻居家的卧室全都被再上一层邻居家院子的底板全部遮挡，使该卧室都完全看不到天，采不到光，而变成了黑窗户、黑房子。

黑窗户
黑房子

上述立面图，是上述平面图的外观实景图，该"伪劣第四代住房"，只是简单的把阳台做高做大了，没有任何一点技术含量，使这种房子建设出来，仅仅只是外观好看而已，实则不宜居住或无法居住（因为有了**黑窗户、黑房子、无私密性和无安全性**等众多重大缺陷）！同时，还浪费了国家宝贵的土地资源和大量的社会建材资源。

只是，从图纸上大多数人都看不出来这些缺陷（甚至包括设计者本人），要等到房子建出来以后，住进去，才能体会到，但为时已晚矣。

217

03

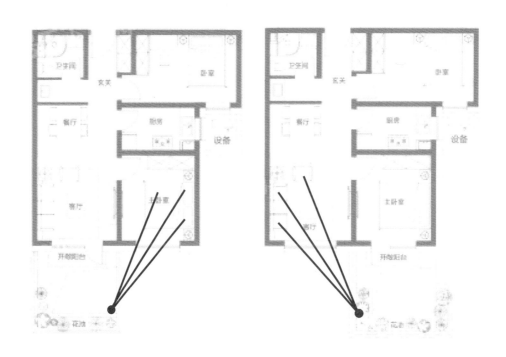

　　从红色线条指示中可以看出，站在自家花园里，可以看到卧室或客厅里的全部景象，使这些卧室或客厅均不具备私密性和安全感，而无法居住！虽然是在自己家，但长幼有序、男女有别，使处在卧室里的人，随时都会拉上窗帘才有安全感。

　　并且，站在自家院子，还可以看到下面一层邻居家卧室或客厅的全部景象，同样，在上一层邻居家的院子里，也可以看到自家卧室或客厅的全部景象，从而，使这些卧室或客厅全都没有任何私密性和安全性可言！

　　同时，站在奇数层或偶数层的院子里，可以看到下层邻居家院子里的全部景象，同样自家的院子，也被上层邻居家在院子里一览无余。

　　上述立面图，是上述平面图的外观效果图，该"伪劣第四代住房"，只是简单的把阳台做高做大了，没有任何一点技术含量，使这种房子建设出来，仅仅只是外观好看而已，实则不宜居住或无法居住（因为有了**黑窗户、黑房子、无私密性和无安全性**等众多重大缺陷）！同时，还浪费了国家宝贵的土地资源和大量的社会建材资源。

　　只是，从图纸上大多数人都看不出来这些缺陷（甚至包括设计者本人），要等到房子建出来以后，住进去，才能体会到，但为时已晚矣。

04

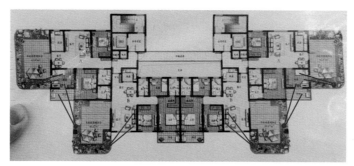

从红色线条指示中可以看出，站在自家花园里，可以看到书房或客厅里的全部景象，使这些书房或客厅均不具备私密性和安全感，而无法居住！虽然是在自己家，但长幼有序、男女有别，使处在书房或客厅里的人，随时都会拉上窗帘才有安全感。

并且，站在自家院子，还可以看到下面一、二、三层邻居家书房或客厅的全部景象，同时，在上一层邻居家的院子里，同样可以看到自家书房或客厅的全部景象，从而，使这些书房或客厅全都没有任何私密性和安全性可言！

同时，它唯一的主卧室，也只有局部有侧向采光，完全没有正面光线和视线，这会让这套住房没有价值！

还有，它只有单数层的住户才有院子，而双数层的住户却没有院子，因在同一栋楼里，这会造成人与人之间的明显比较和高低之分，这会让人很不舒服，也会让没有院子的楼层的房子很低廉或卖不掉。

以上两张立面图，是上述平面图的外观效果图和实景图，该"伪劣第四代住房"，只是简单的把阳台做高做大了，没有任何一点技术含量，使这种房子建设出来，仅仅只是外观好看而已，实则不宜居住或无法居住（因为有了**黑窗户、黑房子、无私密性和无安全性**等众多重大缺陷）！同时，还浪费了国家宝贵的土地资源和大量的社会建材资源。

只是，从图纸上大多数人都看不出来这些缺陷（甚至包括设计者本人），要等到房子建出来以后，住进去，才能体会到，但为时已晚矣。

—— 05 ——

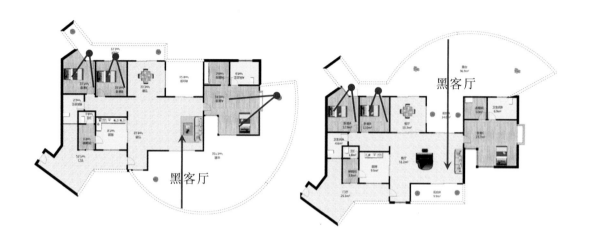

从红色线条指示中可以看出，站在自家花园里，可以看到卧室里的全部景象，使这些卧室均不具备私密性和安全感，而无法居住！虽然是在自己家，但长幼有序、男女有别，使处在卧室里的人，随时都会拉上窗帘才有安全感。

并且，自家院子的上一层邻居，还有多间卧室，从这些卧室里一推开窗，还能近距离看到自家院子里的全部景象，从而，使自家院子无任何私密性和安全性可言！

客厅的上下两边都有宽大的院子，从而使客厅在任何方向都采不到光，成为了完全的黑客厅。

同时，还使上一层邻居家的卧室全都被再上一层邻居家院子的底板全部遮挡，使该卧室都完全看不到天，采不到光，而变成了黑窗户、黑房子。

上述立面图，是上述平面图的外观实景图，该"伪劣第四代住房"，只是简单的把阳台做高做大了，没有任何一点技术含量，使这种房子建设出来，仅仅只是外观好看而已，实则不宜居住或无法居住（因为有了**黑窗户、黑房子、无私密性和无安全性**等众多重大缺陷）！同时，还浪费了国家宝贵的土地资源和大量的社会建材资源。

只是，从图纸上大多数人都看不出来这些缺陷（甚至包括设计者本人），要等到房子建出来以后，住进去，才能体会到，但为时已晚矣。

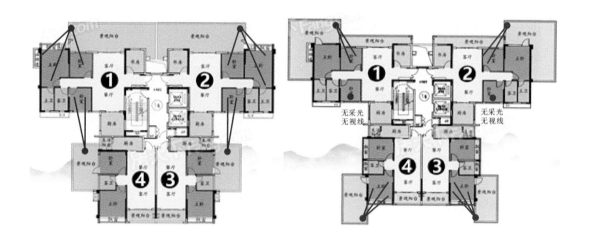

从红色线条指示中可以看出，站在自家花园里，可以看到卧室里的全部景象，使这些卧室均不具备私密性和安全感，而无法居住！虽然是在自己家，但长幼有序、男女有别，使处在卧室里的人，随时都会拉上窗帘才有安全感。

并且，站在自家院子，还可以看到下面一、二、三层邻居家卧室的全部景象，同时，在上一层邻居家的院子里，同样可以看到自家卧室的全部景象，从而，使这些卧室全都没有任何私密性和安全性可言！

同时，自家一间卧室的全部景象，还可被对面邻居在院子里一览无余，使该卧室没有任何私密性可言，完全无法使用。

还有更重要的是，在这一层四户里面，其中的1号、2号户型，房间完全朝北，唯一朝南的一间卧室还被对方邻居的大阳台全部遮挡。

07

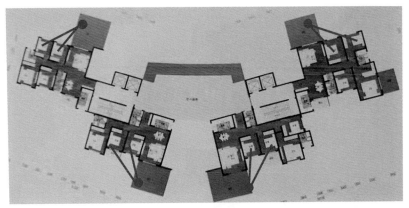

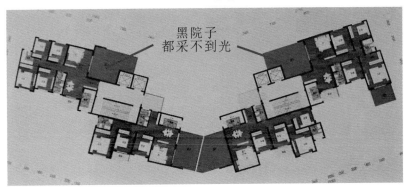

黑院子
都采不到光

从红色线条指示中可以看出，站在自家花园里，可以看到卧室里的全部景象，使这些卧室均不具备私密性和安全感，而无法居住！虽然是在自己家，但长幼有序、男女有别，使处在卧室里的人，随时都会拉上窗帘才有安全感。

并且，站在自家院子，还可以看到下面一、二、三层邻居家卧室的全部景象，同时，在上一层邻居家的院子里，同样可以看到自家卧室的全部景象，从而，使这些卧室全都没有任何私密性和安全性可言！

上述立面图，是某项目的外观实景图，该"伪劣第四代住房"，只是简单的把阳台做高做大了，没有任何一点技术含量，使这种房子建设出来，仅仅只是外观有特色而已，实则不宜居住或无法居住（因为有了**无私密性和无安全性**等众多重大缺陷）！同时，还浪费了国家宝贵的土地资源和大量的社会建材资源。

只是，从图纸上大多数人都看不出来这些缺陷（甚至包括设计者本人），要等到房子建出来以后，住进去，才能体会到，但为时已晚。

08

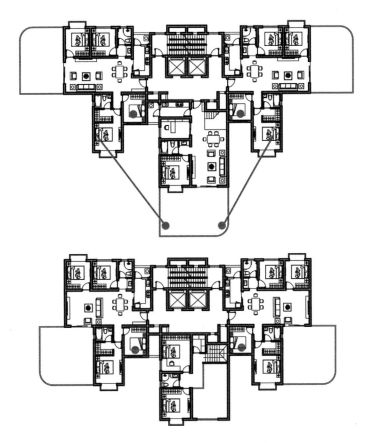

从红色线条指示中可以看出，自家的主卧室将被邻居在院子里一览无余，使该主卧室完全不具备私密性和安全感，而无法居住！使处在卧室里的人，随时都会拉上窗帘才有安全感。

并且，站在该院子里，还可以看到下面一、二、三层邻居家卧室里的全部景象，从而，使这些卧室全都没有任何私密性和安全性可言！

同时，自家院子的上一层，还有邻居的客厅和一间卧室，从邻居家这些客厅和卧室一推开窗，还能近距离看到自家院子里的全部景象，从而，使自家院子无任何私密性和安全性可言！

还有，上一层邻居家的客厅和卧室全都被再上一层邻居家院子的底板全部遮挡，从而使该客厅和卧室都完全看不到天，采不到光，而变成了黑窗户、黑房子。

虽然该设计一层三户全都朝南，但却出现了如此多处重大缺陷，包括中间有两个凹进去的次卧室也虽朝南，却又被左右两边的房子全部遮挡住了，使这两个次卧室全都采不到光，也更没有任何视线可言。

上述立面图，是上述平面图的外观效果图，该"伪劣第四代住房"，只是简单的把阳台做高做大了，没有任何一点技术含量，使这种房子建设出来，仅仅只是外观好看而已，实则不宜居住或无法居住（因为有了**黑窗户、黑房子、无私密性和无安全性**等众多重大缺陷）！同时，还浪费了国家宝贵的土地资源和大量的社会建材资源。

只是，从图纸上大多数人都看不出来这些缺陷（甚至包括设计者本人），要等到房子建出来以后，住进去，才能体会到，但为时已晚矣。

精选失败案例总结：

在上述8个失败案例中，有些案例仍然是属于"第四代住房知识产权"的技术范围，只因该些设计人员有**"总想表现一下自己"**的显摆陋习，将原创第四代住房进行了"自以为是"的无知修改，所以便出现了许多重大缺陷！但根据《专利法》、《著作权法》等有关法律规定，这仍然都是属于"第四代住房知识产权"的技术范围，仍然需要得到知识产权方的授权后，才可以进行施工图设计及建设，否则，无论是设计者或建设者，仍然都属于违法侵权行为！根据国家现行有关法律，这需要承担三倍、及以上的赔偿！对故意违犯的情节严重者，还需承担刑事责任。

因篇幅和时间关系，上述精选8个失败案例，只是目前正在设计或建设的其中一部分！根据第四代住房多个建筑专家团队历时七年的详细调查和研究，在全球范围内的所有这种住房或类似这种住房，全都存在有与上述一样的众多重大缺陷，使建成后的房子都"不宜居住或无法居住"！

如：以某省、某市的一个著名楼盘为例，该楼盘已建成多年，虽然地处该市最繁华的地理位置，但终因有黑窗户、黑房子、无私密性和无安全性等众多重大缺陷（上述05号案例所示），至目前，该楼盘的入住率还不到40%，在这么好的地段及位置，却长期造成大量的房屋空置，造成国家及社会财产的巨大浪费！并且，该楼盘周边房价已涨至每平米3万多元，但该楼盘的房价却仍然停滞在1万多元，不但使购房者都将房子砸在了手里 —— 住不能住/卖又卖不掉，而且连出租都十分困难（因不宜居住或无法居住）！

（俗话说"百闻不如一见"，如有要实地参观探究者，可带你到案例现场、或更多这样的失败案例现场去一探究竟，更会让你豁然大彻！）

目前，第四代住房比较火爆，但打着第四代住房的概念，建设无任何技术含量的、只是简单把阳台做高做大的"伪劣第四代住房"去忽悠社会、忽悠住户，也有其人！

故此，特别忠告

①但凡是在私家院子的上一层开了窗户的（个别私家花园有卫生间除外）！②在私家院子里，能看到自家卧室内、或能看到左右上下邻居家房间内的！③两个私家院子之间，有上下左右重叠的！④在自家院子里，能被左右上下邻居们一览无余的！

上述缺陷出现任何一种，都会出现"黑窗户、黑房子、无私密性、无安全性"等众多重大缺陷，都是"不宜居住或无法居住"的房子！即："伪劣第四代住房"。

至目前，只有天地集团联合清华大学和中国建筑标准设计研究院，历时七年在全球范围内不断总结、改进、及原创的第四代住房

（又称：立体园林-绿色生态住房），已获得国际国内一百多项知识产权，是正宗的第四代住房，才没有任何缺陷！除此之外，其他任何无论试图怎样修改、模仿、抄袭，都将出现（如同上述案例一样或类似的）众多重大缺陷！

—— 因为，任何人都不可能在一年半载、或随便一二下子，就能创造出一个完美的新产品来！何况住房是属于硬件产品，无法压缩，更没有其它更多方法啦。

注：正宗第四代住房，是经过多个建筑专家团队不断验证，不断创新，在长达七年时间里，已穷尽其各种方法，现有三个系列、一百多种各类完美户型（无任何缺陷），已能满足各阶层的任何不同需求！

故此，望开发者及购房者们都及早未雨绸缪，一定要建设及购买正宗的第四代住房（这并不会增加建筑占地及建设成本！既或有点授权费用，但比较起损失+倍增利益而言，将微不足道）！否则，会给国家、给社会、给他人、给住户、更给开发者自己，都将造成无法估量和挽回的巨大损失。

十八、结束语

《事物发展的必然规律》

从前

煤油灯取代了桐油灯；

砖瓦房取代了茅草房；

现在

电灯又取代了煤油灯；

电梯房也取代了砖瓦房！

但电梯房只有室内房子，而没有室外院子，人们一旦回到家，只能待在鸟笼式的房子里，只有通过窗户才能看到外面的世界，才能呼吸到新鲜空气，只能达到最基本的居住需求！这，并不符合不断发展的物质文明，也不符合人们对美好生活的向往。

在这个技术不断创新和人们越来越追求生活品质的时代，一个只有室内房子，而没有室外院子的第三代电梯房，终究会被既有室内房子又有室外私家院子的第四代庭院房所取代！

第四代住房—庭院房，又称立体园林～绿色生态住房，将使家变成家园，使社区变成园林，使住在城市中心的人们，不用到乡下买地，都能享受到田园生活，呼吸到花草和泥土的自然芳香。

相信，

在不远的将来，一个只有室内房子，而没有室外绿化院子的第三代鸟笼式电梯房，都将被人们所淘汰！这如同一个没有前瞻性的企业或产品，也都将被市场所淘汰的道理一样（如曾经风靡全球的诺基亚手机、乐凯胶卷、等等）。

——因为，只有不断创新的产品和最优秀企业，才能传世。

特别说明

本著作由"新华出版社"公开出版发行，已受著作版权的保护；

同时，本著作中的所有设计图纸也是根据"第四代住房"的专利技术进行创新设计的；

故此，在未经著作权人及专利权人的授权许可，任何抄袭、模仿、修改及使用本著作方案（包括任何文字描述及图片），都是侵犯他人的专利权和著作版权行为（注：建筑工程设计方案及施工图，同样也是属丁一种著作版权），都将承担相关法律规定的违法侵权及赔偿责任。